成长加油站

自己永远是最棒的

李 奎 方士华 编著

民主与建设出版社
· 北京 ·

© 民主与建设出版社，2020

图书在版编目（ＣＩＰ）数据

自己永远是最棒的 / 李奎，方士华编著 . —— 北京：民主与建设出版社，2019.11

（成长加油站）

ISBN 978-7-5139-2424-5

Ⅰ . ①自⋯ Ⅱ . ①李⋯ ②方⋯ Ⅲ . ①成功心理—青少年读物 Ⅳ . ① B848.4-49

中国版本图书馆 CIP 数据核字 (2019) 第 269574 号

自己永远是最棒的
ZI JI YONG YUAN SHI ZUI BANG DE

出 版 人　李声笑
编　　著　李　奎　方士华
责任编辑　刘树民
封面设计　大华文苑
出版发行　民主与建设出版社有限责任公司
电　　话　（010）59417747　59419778
社　　址　北京市海淀区西三环中路 10 号望海楼 E 座 7 层
邮　　编　100142
印　　刷　三河市德利印刷有限公司
版　　次　2020 年 6 月第 1 版
印　　次　2020 年 6 月第 1 次印刷
开　　本　880 毫米 ×1230 毫米　　　1/32
印　　张　30
字　　数　650 千字
书　　号　ISBN 978-7-5139-2424-5
定　　价　238.00 元（全 10 册）

注：如有印、装质量问题，请与出版社联系。

　　青少年是祖国的未来，是中华民族的希望。中国的未来属于青少年，中华民族的未来也属于青少年。青少年的理想信念、精神状态、综合素质，是一个国家发展活力的重要体现，也是一个国家核心竞争力的重要因素。

　　随着年龄的增长，青少年开始认识世界，学习各科知识，在这个过程中，他们逐渐熟悉了社会，了解了民风民俗，懂得了道德法律，具备了起码的生存技巧、劳动技能，掌握了一定的科学知识、探索方法，对大自然、对人生也有了一定的看法。

　　这一时期，他们渴望独立的愿望日益变得强烈，与家庭的联系逐渐疏远，对父母的权威产生怀疑，甚至发生反抗行为。他们要摆脱家长和其他成人的监护，摆脱由这些成年人规定的各种形式的束缚。

　　他们对自己充满自信，看不起身边的许多事情，但随着接触社会的增多，他们会逐渐了解到个人只不过是这个大自然中的一部分，个人与他人、社会、自然之间存在着十分复杂的关系，在很多事情面前，个人的能力和作用都是有限的，是要受到制约的。

　　由于一开始过高地估计了自己的能力，致使他们的很多愿望难以实现，由此他们又产生了自危、自惭、自卑、自惑等不良心态，在这种情绪的影响下，有的青少年甚至走上自毁的道路。研究表明，青春

1

期的青少年是最容易激发起斗志的，他们更容易从别人的成功中吸取适合自己的营养，指导他们的行动。

为了正确地引导青少年的成长，使他们培养正确的人生观和世界观，并合理地控制自己的情绪，我们特地编辑了本套"成长加油站"丛书，包括《爸妈不是我的佣人》《办法总比问题多》《再见坏习惯》《做最好的自己》《懒惰，请走开》《做个内心强大的孩子》《这样做人人都欢迎我》《学习是一件快乐的事》《为自己读书》《自己永远是最棒的》共十册书。

本套丛书从兴趣爱好、积极人生、情绪、心智等多个方面入手，分别讲述了如何培养孩子的美德、怎样提高孩子的情商、智商，怎样养成孩子的独立生活能力等诸多问题，旨在引导青少年对成功的渴望，使其发现自身的兴趣所在，快乐、健康地成长，为他们的成长加油！

目录

第一章　做一个自尊的人

　　自尊不能靠卑躬屈膝而获得，自尊与自信是相辅相成的，没有自尊的人，绝不会有自信。自尊是人之根本，当自信替代了太强的自尊，精神就会就得到解放，体验就会很深刻。

　　自尊不是虚荣，人生渴望尊重，这是心理需要，每个人都应珍惜和爱护自己及他人的荣誉，但追求必须与自己角色和才能一致。如果过分追求荣誉，显示自己，就会使自己人格受到歪曲，从而失去自尊的意义。

学会维护你的自尊

　　一个人活在世上，首先要有自尊。人常说"先做人，再做事"，这个"做人"就是要做正派的人，做一个让人瞧得起的人。体面的、堂堂正正的、富有自尊地活在世上，才能充分发挥自己的聪明才智和能量，为社会、为家人，也为自己做出应有的贡献。自尊是需要维护的。不但自己要处处小心谨慎从事，更重要的是来自别人的维护，这个别人包括周围的人，甚至包括对立面。

　　英国作家莎士比亚说："没有自尊心的人，即近于自卑。"古希腊哲人苏格拉底说："一个人能够有成就，只看他是否具备自尊心与自信心两个条件。"

　　舍甫琴科是俄国著名诗人。他的诗表现了对故乡的热爱，和对沙皇的反抗。有一天，沙皇召见他。文武百官和各国使臣都向沙皇弯腰鞠躬致敬，只有舍甫琴科一个人凛然地站在一旁，沙皇大怒，问道："你怎么不弯腰鞠躬？"

　　舍甫琴科沉着地回答："不是我要见你，而是你要见我，如果我也像周围的这些人一样，在你面前深深弯腰，请问，那你怎么能看得清我呢？"

由此可见自尊的重要性，即使名人也不能放弃自己的自尊，也需要维护自己的自尊，甚至可以说，正是因为有了自尊，才让他们成为真正的名人。可是我们如何才能真正维护自己的自尊呢？让我们先从一个小故事开始吧。

从小时候起，妈妈就告诉我做人一定要有自尊。而对于自尊，最令我难忘的事就是那一件，因为我维护了自己的自尊。

小学五年级时，我曾经去澳大利亚读了一年书。在那里，老师和同学给予了我许多帮助。但总有几个男孩隔三岔五地来找我，挑我的毛病。由于他们比我大一年，我敢怒不敢言。

一次，他们又来了。我十分气愤："我也有自己的自尊！请你们不要再来了！"

"一个小女孩还有什么自尊？不要瞎说了。"他们无所谓地笑着。我摔门而去，发誓一定要让他们尊重我，我一定要维护自己的自尊！

从那时起，我开始刻苦学习，努力练习英语，以此来证明自己的能力。终于，努力有了回报，因为我的勤奋努力，我获得了老师和同学的支持而去参加校委会小学组代表的选拔，最后以第一名的身份当选，并成为校委会中年龄最小的一个。而那几个男孩看我的眼光也从不屑转为惊讶再到尊重，我知道我已经成功地维护了自己的自尊。

后来我要回国了，在回国前我做了一个演讲。在演讲中我说:"很多人都问我为什么能成功,我说是因为我的自尊,因为我维护了自己的自尊,我才能挑战自我,才能获得一些原本不尊重我的人的尊重,才能成功,并取得现在的成绩。而只要有了想要'维护自己的自尊'的这个想法,那就没有什么不能完成的。谢谢大家的支持。"

我的演讲结束后,同学们掌声雷动,都为我而鼓掌。我也十分高兴,因为我成功地维护了自己的自尊。

这个小女孩是如何维护自己的自尊呢?对,她是用自己的努力和汗水来维护的,她让别人看到了她的能力,消除了别人对自己的歧视,更成功维护了自己的尊严和信心,也赢得了快乐和幸福。

是的,自尊不能向别人卑躬屈膝获得,更不容许别人歧视侮辱。自尊是做人的灵魂,是自信、自强的支撑点。自尊不是骄傲自大、妄自菲薄。只有尊重别人,自尊的砝码才能加重。自尊心是一种美德,是促使一个人不断向上发展的一种原动力。

一个很典型的例子是,大多数大学新生都会有这样的体会:在高中时,他们每个人都是很聪明的,可是上了大学后,他们却发现,他们原来并不是那么出类拔萃,只不过是平常人而已。

只有比较才有自尊,没有比较就没有自尊。一般来说,社会比较主要有两种方式:一种是与比自己强或好的人比较,我们通常称为上行比较;另一种是与比我们弱或差的人比较,我们通常称为下行比较。人们常常认为,与比自己强的人比较会产生忌妒、敌意、挫折等消极的情感体验,而与比自己差的人比较则会产生优越、满足、幸福等积极的情感体验。

其实不然，无论是与比自己强的人比较，还是与比自己差的人比较，都不会必然导致积极的或消极的效果。究竟会产生哪种效果，取决于具体的情境。

在与比自己强的人比较中，如果比较目标与自己关系密切，或同属一类，那么会产生积极效果。例如，有的人常常在众人面前说自己认识某位知名人物，或说某位名人与自己是同学或朋友等，以此来提高自尊。这种现象，在心理学里通常称之为辐射效应，即比较目标的优良品质会辐射到自己身上，从而激发积极的情感体验。

相反，如果比较目标与自己关系疏远、陌生，或不属一类，则会产生消极效果。例如，一个长相中等的女性与一个她不认识的漂亮女性走在一起时会显得难堪，并降低自尊。这种现象，在心理学里通常称之为对比效应，即感觉到与比较目标的差距，从而产生消极的情感体验。

在与比自己差的人比较中也同样存在这样两种情况，只是效果正好相反。如果比较目标与自己关系密切，或同属一类，那么会产生辐射效应，即对方的不良品质会辐射到自己身上，从而降低自尊；如果比较目标与自己关系疏远、陌生，或不属一类，则会产生对比效应，即感到比对方强，从而提高自尊。

究竟与什么样的人比较最好呢？心理学家认为，最理想的比较目标是与自己相近并略好于自己的人，这样我们才能不至于因为自卑而堕落，也不至于因为过度自信而骄傲自满。

这里，还有一些关于自尊水平过低的心理调适建议，如果你属于这个情况，以下也许对你有一定的帮助！

建议一：按照自己的条件评定自己的价值。每个人都有自己的优点和缺点，为缺点而自卑，缺点仍然与你同在。一个自尊的人，应该悦纳自己，在自己的优点上去努力发挥，才能表现出自己价值。

建议二：根据自己的体验来判决自己的成败。俗话说，人不能以成败论英雄。一个人在生活中，不可能避免失败，而且也不宜避免，因为没有失败便没有成功。一个人觉得自己已尽了全力，对失败的结果就应坦然接受，不文过饰非，不愧疚怨尤。

建议三：把自己看成和别人一样重要。俗话说："天生我才必有用"，但不必苛求自己做个十全十美的人，也不必过分强制自己事事胜过别人。只有你觉得自己和别人一样重要，你才能做到不骄不傲，不亢不卑。也只有这样，你才能悦纳别人，不忌妒、不疑惧。

建议四：欣赏但不祈求别人的赞许。生活中，谁都喜欢听赞扬的话。但如果一个人为了得到赞许而做事的话，那么他不但做事失去信心，而且失去了独立性。作为一个不断成熟的学生，应按自己的主张行事，做人做事不依赖别人赞许。

一个自尊水平过低的人要想摆脱痛苦、生活过得快乐，最重要的是要把贬抑了的自我提升起来，放回到自尊的世界里。一个人必须先能自尊，然后才能自爱；自尊自爱之后，才能够形成和谐统一的人格。每个人都

希望受人尊重，但受尊重的前提是尊重别人。其实，尊重很容易做到。一句亲切的问候，一声诚挚的祝福，一个支持的眼神……都是尊重的表现，尊重别人是一种美德，受人尊重是一种幸福。

让我们做自尊、自爱、自强的人吧！

缺陷也是一种美

世界上没有一个人是完美无缺的，我们不能因为自己身上的缺陷就丧失应有的自尊。我们应该坚信，正是缺陷让我们看到了完美，让我们有了追求完美的动力。正如刘德华在《缺陷美》中唱的：

……
要是故事从来没有哀伤，
没过场，哪会鼓掌，
多得有缺陷美，身边景物越明媚。
越要习惯无常的天气，
燃烧了你我，流星那样闪过，
给这世界美丽便已值得欢喜。
只因有缺陷美，开心短暂亦回味，
大雨下也能随心嬉戏，
如果美满人生，就如一格内心戏。
……

从美学的角度来看，缺陷也是一种美丽，断臂的维纳斯便是明证。缺陷美也可以说是期待的美，期待实现完形的美。在美学上，经常把缺陷当作一种美。

有了缺陷才更真实一些，有了缺陷才能让人有所思、有所悟，有了缺陷才能感觉到人类追求完美和进步的最深层的呼唤和力量，所以缺陷美在美学上的实质是：它能唤起人某种特殊的感受，能激发人其他联想，在与完美的对比中，缺陷使人感觉到追求进步、追求美的需要，从而具有了积极的意义。由此而得出，缺陷美实际上是具有哲学意义的。

有了缺陷，才不断去努力追求完美，努力完善自己，完善周围的环境，于是整个世界才有源源不断进步的动力。正是唯物辩证法的不断解决矛盾，从而不断取得发展的道理。

完美是相对的，缺陷是绝对的，倘若某一时刻真的做到完美不变了，那么这件事物消亡的时刻也正是此刻了。所以我们要正确对待自己身上的缺陷。

事实上，世界上许多伟大的人，都是有这样或者那样缺陷的。但

是，他们却敢于正视这些缺陷，在别的方面努力。他们用超乎我们想象的毅力，创造出令世界都为之震撼的奇迹。

著名的俄国作家列夫·托尔斯泰，很小的时候就因相貌丑陋而苦恼，他的眼睛不但小，而且还是凹陷进去的，前额窄，嘴唇厚，鼻子像大蒜头一样难看，耳朵又大得令人吃惊。他的身体也很虚弱，特别是在青年时代，经常感冒，受扁桃腺炎、风湿等疾病的折磨。在学校里，他的老师评价说："列夫哪方面都不行。"

托尔斯泰经过苦恼的煎熬后，觉得继续为自己的这些缺陷而苦恼，只能是在苦恼的陷阱中越陷越深，甚至毁掉自己，解救自己的办法就是到别的方面去寻找人生的乐趣。

于是他开始在写作中寻找乐趣，23岁时，他发表了处女作《童年时代》，获得了好评。其后在参加克里米亚战争的大约5年军队生活中，又创作了一些作品，渐渐在文坛崭露头角。

托尔斯泰34岁时才结婚，在幸福的家庭生活中，他又接连写出了《战争与和平》《复活》和《安娜·卡列尼娜》等多部巨著。

还有以设立诺贝尔奖留名后世的艾尔佛雷德·诺贝尔，也是相貌丑陋，身体不好，但他从青年时期产生了弥补缺陷的心理，反而使他决心把终身献给人类。临终之前，诺贝尔用大约900万美元的基金设立了诺贝尔奖。众所周知，它现在已成为世界上最有权威的奖励。

还有海伦·凯勒，幼年便失去听力，对于一个人来说，这也许是最大的不幸，但她却因为拥有求知的渴望而坚持不懈，终于考上了知名大学，成为众所周知的作家，镌刻了不朽的人生。

像这样的例子还有很多很多，达尔文、林肯、莫扎特等，就连大名鼎鼎的美国总统罗斯福，也是坐在轮椅上领导美国人民取得了第二次世界大战后期一个又一个胜利的。

人长什么样并不是我们自己能决定的，残缺是无法改变的事实。但是我们却可以用行动和成绩来填补残缺。心有多大，舞台就有多大。只要拥有信念和一颗上进的心，即使残缺，也能开拓出属于自己的人生舞台。

对于缺陷，虽然我们会觉得心里很不舒服，但是，我们要明白，既然已经存在，那么埋怨和痛恨，都是无效的。有效的办法，便是理智地去正视缺陷。比如一个人左眼斜，怕人看见，便戴上墨镜，摘下墨镜又想捂住左眼，捂不住了又说自己最近正害眼病，总也不好。其实，倘若大大方方地往人群中一站，别人问，就坦然地说：我是与众不同的。自己轻松，别人也会因此而轻松。

五官四肢水平都一般，或多少有点毛病，那就用心去开发自己脑功能。左脑右脑有140亿个脑细胞，那里面是一个宏大的世界，东方不亮西方亮，有极广阔的发展余地。青少年朋友们，让我们一起举起自信的火把，朝着自己的理想出击。化自卑为力量，把我们的足迹留在人生的舞台上，创造出属于我们的天地，让嘲笑我们的人看看，即使残缺，我们也同样可以创造出辉煌！

做一个自尊自信之人

　　雄鹰之所以能主宰蓝天，是因为它有不断进取的信心，浪花之所以能拍击礁石，是因为它有战胜恐惧的勇气；成功者之所以能成功，是因为他有克服困难的毅力。

　　自信是成功的第一秘诀。自信心是相信自己有能力实现目标的心理倾向，是推动人们进行活动的一种强大动力，也是人们完成活动的有力保证，它是一种健康的心理状态。

　　美国教育家戴尔·卡耐尔在调查了很多名人的经历后指出："一个人事业上成功的因素，其中学识和专业技术只占15%，而良好的心理素质要占85%。"

自信是成功的保证，是相信自己有力量克服困难，实现一定愿望的一种情感。有自信心的人能够正确地、实事求是地估价自己的知识、能力，能够虚心接受他人的正确意见，对自己所从事的事业充满信心。

自信心是一种内在的精神力量，它能鼓舞人们去克服困难，不断进步。"杂交水稻之父"袁隆平是家喻户晓的伟大科学家。在他科学研究过程中，面对困难他从不低头，以坚强的毅力顽强攻关，终于成功地解决了13亿人口吃饭的问题。如果没有克服重重困难的毅力，他怎么能取得一次又一次的殊荣呢？

自信是能够战胜挫折的勇气。马克·吐温曾说过这样一句话："19世纪有两位杰出的人物，一位是拿破仑，一位是海伦·凯勒。拿破仑试图用武力征服世界，他失败了；海伦·凯勒用笔征服世界，她成功了。"

自信的力量是伟大的，让我们来看一个故事吧。

在美国，专门研究智力的人做了一个试验，他们在学校10000名学生里面抽出20名学生来，然后召集所有的人集中在操场上，校长宣布这是我们国家最顶尖的专门研究天才的科学家经过长期的测试和研究后，发现在我们学校有20名天才。校长把名单公布了出来。

然后这20名学生站出来了，让所有的同学都能看到他们。这20名学生当然很激动，很兴奋，"哇，我们是天才，而且是测试出来的。"

20年后，这些人都长大了，这20名当时被称为天才的人究竟怎么样了？最后发现，这20名天才他们有的成为顶尖的企业家，有的在他们的职业生涯中成为最优秀的职业人士，有的人成为行业专家。

无论他们在什么领域，都不负众望，表现出超出一般人的业绩，在这10000名同学当中成为最卓越的人群，因为他们走到哪里都会说："我是天才"。

但是我们都知道他们并不是真的经过专业测试筛选出来的。既然没有真正的测试，最后结果怎么会都真成了天才呢？因为他们相信自己就是天才。

相信自己是天才，真的就成了天才，这就是自信的伟大力量。当然，我们的人生不可能是一帆风顺，谁都有遇到挫折的时候，但是我们千万不要因为因一时受挫，而对自己的能力产生怀疑，进而形成一种压力。

当你遇到挫折的时候，应该保持头脑清晰、面对现实、勇敢面对、不要逃避。冷静地分析整个事件的过程，分析一下是自己本身存在的问题，或是由于外来因素而引起的，还是两者皆有。假如是自身因素的话，那么自己就应该好好反省一下，为什么会犯这样的错误呢？以后应该怎样做，才能避免同类事件的发生呢？事情已经发生了，不要

急于去追究责任或是责怪自己，而应该想想事情是否还有挽回的余地呢？要是有的话，应该怎样做才能把损失或伤痛减到最低呢？应该怎样做自己才会感觉好一点呢？

当你遇到困难的时候，请记住：没有永远的困难，也没有解决不了的困难，只是解决时间的长短而已。困难与人生相比，它只不过是一种颜料，一种为人生增添色彩的颜料而已。当你遇到困难的时候，不要逃避问题或是借酒消愁，有道是："借酒消愁，愁更愁啊！"只要你对自己有信心，那么什么困难都是难不倒你的。

那么如何才能提高自己的自信心呢？

首先是克服自卑的心理，树立自信心，每天在心中默念"我行，我能行"。别的人能行，我也行啊！大家都是人，都有一个脑袋、两只手，智力都差不多。只要努力，方法得当，那么什么事都能办到的。下面这首"我能行"的小诗值得一读和深思。

相信自己行，才会我能行；

别人说我行，努力才能行；

今天若不行，明天争取行；

能正视不行，也是我能行；

不但自己行，还帮他人行；

相互支持行，合作大家行；

争取全面行，高考才能行。

其次，每天都能保持甜美的笑容。没有信心的人，经常眼神呆滞、愁眉苦脸，而雄心勃勃的人，则总是目光炯炯、满面春风。人的面部表情与人的内心体验是一致的。笑是快乐的表现。笑能使人产生信心和力量；笑能使人心情舒畅，精神振奋；笑能使人忘记忧愁，摆脱烦恼。学会笑，学会微笑，学会在受挫折时笑得出来，就会提高自信心。

最后，做人一定要昂首挺胸，同时也要学会主动与他人交往。遇到挫折而气馁的人，常常垂头是失败的表现，是没有力量的表现，是丧失信心的表现。成功的人，得意的人，获得胜利的人总是昂首挺胸，意气风发。昂首挺胸是富有力量的表现，是自信的表现。

正视自己，敢于接受批评

批评如影随形，小时候淘气，难免父母责骂；上学后又多了老师的批评；参加工作了，意见和批评也会接踵而至……批评伴随着我们，也保护着我们。我们在批评中校正人生坐标，在批评中拨正前进航向，在批评中进步，在批评中完善自己。

古人说得好："过也，人皆有之，见之劝也，其幡然而悔，释然而悟。"同学间的批评与自我批评，可以使故事、问题或消灭于萌芽之中，或纠正于露头之时。反之，小毛病也能铸成大错。所谓千里之堤，溃于蚁穴，就是这个道理。

我们来看一个女孩勇于接受批评的人生故事吧。

在一个同学聚会上，有位漂亮女孩喋喋不休地诉说她东家的不是。女孩说，那个法国老太太，根本没法沟通。

　　她说的那位老太太，是个肥胖又行动不便的老人。她的女儿在上海工作，为了照顾她，女儿把她从法国接到了上海，雇了能讲法语的女大学生作为保姆。但许多女大学生都在这位苛刻的法国老太太面前败下阵来，有的索性不辞而别。

　　正在漂亮女孩义愤填膺的时候，有个胖女孩凑上来，轻声问她："那你是不是不愿意再做下去了，如果你辞职，能否把这份工作让给我？"

　　漂亮女孩一听，高兴地说道："那真是太好了，我正求之不得呢！"

　　后来，胖女孩成为那位老太太的保姆。谁也没有想到，她们相处得非常好。更让人不可思议的是，这位老太太还动员她在法国的社会关系，让胖女孩到法国去深造。

　　许多人都觉得奇怪，那么多的女孩都不能接受老太太的脾气，为什么胖女孩不仅与老太太和睦相处，而且还能得到老太太的帮助呢？

　　胖女孩说："老太太的确很苛刻，我去照顾她的第一个月，她经常批评我，说我走路姿势不对，坐姿不对，眼神不对……有一次，我是用手直接取了一块沙琪玛给她，老太太大怒，斥责我没有教养，说应该把沙琪玛放在碟子上再给她。当时，我真想辞职。但事后，我觉得用手直接取食物给她，的确不太妥当。"

胖女孩说，她回家对着镜子看，果然发现自己走路时脚步有些重；坐下时，双腿没有合拢，的确很不雅观；看人的时候，是有那么一点点斜视……

原来，老太太所说的全是对的。只不过，因为自尊心的原因，她在心里排斥批评。

后来，胖女孩了解到老太太出生在一个贵族家庭，从小就接受了上层社会的教育，是那种处事极有条理、生活极其精致的人。自从她知道自己的缺点后，她对老太太刻薄的批评有了全新的理解。老太太所批评的正是自己的缺点，为什么不能改变呢？

此后，每当老太太提出批评时，胖女孩都会认真去想，自己到底对不对？如果不对，她就努力去改正。她还阅读了大量的资料，了解法国人的一些生活习俗和禁忌。

在老太太生日那天，胖女孩花了好几个小时，做了一道精美的法国传统菜肴——烤牛排，为她庆祝生日。当胖女孩捧着香喷喷的烤牛排祝她生日快乐的时候，老太太竟然流泪了，她说："我的外甥女也曾经为我做过烤牛排，你和她一样漂亮，一样可爱。"

那一刻，胖女孩感动极了。照顾老太太那么长时间，她还是第一次得到肯定。

老太太开始很少批评她了。她们经常在一起聊天，开心处，一老一小会发出开心的笑。

有一次，老太太的女儿带着欣赏的眼神，看着胖女孩，由衷地说："你真优雅，很迷人。"

胖女孩真的逐渐改变了，她的神态变得安静了，她的气质变得优雅了，还有她的法语口语发音、她说话的神态、她的眼神……

胖女孩说，人就像一株含羞草，一遇上外界的小小侵犯，就会把自己重重保护起来。其实，如果换一种角度，换一种思维去理解，这位刻薄的但又精致的老太太就是自己的一位生活导师。在批评面前，你所选择的是承认自己的缺点吗？你愿意改变吗？

善于批评是作为仁者的一种品德，而勇于接受批评则是智者的一种修养。在生活中，批评就像一面镜子，接受批评就等于承认自身的缺点与错误。因此接受批评是认识自身错误、改正自身错误的一个开始。我们作为一个智者，应该接受各种正确的批评，为自己的事业、自己的人生成功打下牢靠的基础。

我们经常会念到一句古谚："以铜为镜，可以正衣冠；以史为镜，可以知兴替；以人为镜，可以明得失"。别人是我们的一面镜子，通过他们我们可以看到很多不同层面的自己。别人给予的正确的批评我们要虚心接受，不正确的，我们也不要和别人计较那么多，因为我们不可能做到让每个人都称赞我们、去欣赏我们所做的事情，所以我们千万不要去抗拒批评，应该虚心地接受它。

自我完善，做最好的自己

如果你不能成为山顶上的青松，那就当棵山谷里的小树吧，但要当一棵郁郁葱葱的小树；如果你不能是一只麝而香飘四处，那就当一尾小鲈鱼吧，但要当湖里最活跃的小鲈鱼。

我们不能全是船长，必须有人是水手。这里有许多事让我们去做，有大事，有小事，但最重要的是我们身旁的事。决定成败的不是事业的大小，而在于做一个最好的自己。

做一个最好的自己，是一种自尊自爱的表现。自尊就是尊重自己，自爱就是爱护自己。自尊自爱是一种对自我的关注与肯定，是一个人的快乐之源，更是成功之始。

我们怎么才能做最好的自己呢？朋友，请你看一看篮球新星林书豪的经历吧！

美国媒体曾这样形容亚裔球员林书豪："在美国篮球界，身为亚裔球员，你的头顶上总有一个难以穿越的玻璃天花板，透明却坚硬。"

　　纯正的亚洲血统，是林书豪篮球道路上的无形障碍。虽然有姚明、易建联这样的中国NBA球员出现，但在多数美国人眼里他们全是靠巨大的身高获得NBA一席之地。

　　虽然拥有美国国籍，但歧视和嘲讽一直在学校里伴随着林书豪。每当他走进篮球场的时候，就会有人不屑地说："快回去吧，中国人，这里是篮球场，没你的事！"

　　还有人说："看他那细长的亚洲人眼睛，能看得见篮板吗？"

　　林书豪当时的身高只有1.60米，在一群身材高大的美国学生中就像个"小不点"，这更加重了他的自卑。

　　面对受委屈的儿子，父亲林杰明告诉他："即便有些人对你品头论足，你也必须保持冷静，绝对不能因此动怒。只要你赢得比赛，人们自然会尊重你。"林书豪果然做到了。高中最后一个赛季，他率队取得32胜1负的惊人战绩，并最终在加州二级联赛中成功夺冠。

　　林书豪还创造了一个奇迹，在哈佛大学109年的NCAA（美国大学体育总会）征战史上，从未培养出一位篮球明星。而当这个赛季的NCAA联赛结束时，林书豪甚至获得了NCAA两个最高奖项——约翰·伍登奖和鲍勃·库西奖的提名，他还是1954年之后第一个进入NBA正式比赛的哈佛毕业生。这说明什么，说明中国人不但聪明，还能打好NBA！

　　林书豪的成功，对于我们每个人的发展都具有重要的启示：人不要给自己设限，排除万难，做最好的自己。看看林书豪的成长经历我们就可以知道，他虽然是在一片质疑和挖苦声中成长起来的，可是他坚持了下来，不断向最好的自己前进。

做最好的自己，不要为自己的渺小而感到自卑痛苦。如果小草为自己没有树的伟岸而痛苦自卑，那么世界上怎么会有草原那辽阔无边的壮美呢？如果溪流为自己没有大海的广阔而痛苦自卑，那么何来海纳百川的壮阔呢？

青少年朋友，请尝试着正视自己的渺小，因为即使你是一粒尘埃，但你却真真切切地存在着。请尝试着忽略自己，因为总是把自己当作珍珠，就有时时怕被埋没的痛苦，只有把自己当作泥土，让众人把自己踩成一条路，才能体会到平凡的幸福。

青春之路与自尊同行

青春是我们的歌，青春是我们的梦，青春是生命里最辉煌的灯。缤纷的世界让我们搁浅昨天，我们时刻都在张扬着自己的个性。我们尊重青春的昂然，我们向往青春的妩媚，更多的是驾着云朵奋进于青春之中。

青春期是人生的一个重大转折点，是迈向"成人"这个里程碑的关键时刻。生理上的变化，会给我们带来一种觉醒，生理的成熟，会让我们渴望心理上也能够独立。

此刻，我们渴望得到更多的尊重和认同，以摆脱"小孩子，不懂事"的标签。所以，我们会想尽一切办法来获得家长和老师的肯定与认同，以证明自己有完整的思想，证明自己的存在，或者是证明自己是对的。

此刻，我们也有了更多的平等意识和自我保护，认为自己与父母老师是平等的，自己也有自己的隐私，父母和老师不能随便侵犯自己的隐私。

可是，很多家长却往往因为担心青春期的孩子早恋或者在外学坏，会使出浑身解数"了解"孩子：偷看孩子日记、手机短信、聊天记录等，试图从孩子这些隐私中找出蛛丝马迹。这样的行为只会引来孩子极大的不满……

让我们看一个男孩子的幽默小故事吧。

一个男孩子喜欢写日记，他用这种方式记录自己的想法和每天的活动。妈妈担心儿子胡思乱想耽误学业，于是经常偷偷翻看儿子的日记。男孩子虽然一直怀疑自己的日记本被人动过，但是一直没有证据。

这天，男孩子去上学了，妈妈习惯性地走到儿子屋里，开始翻看儿子的日记。

这次男孩子在日记里写的是妈妈，他深情地写道："妈妈，您头上的白头发又多了起来，您这是为我累的呀！妈妈，您一定要珍惜自己的身体啊！为了表达我对您的爱，我把您的白头发珍藏在日记本里。"

看到这一段字，妈妈感动得流下了眼泪。然而，她却没有发现本子里有白头发。妈妈以为是自己弄丢了，就从头上拔了一根白发，夹在儿子的日记本里。

晚上，男孩子放学回来。拿出日记本，他发现了里边的白头发，就对妈妈说："妈妈，您又看了我的日记！"

"你怎么知道？白头发不是在你的日记本里吗？"

"妈妈，我根本就没放白头发。"男孩了笑着说。

每个人都有自己的隐私，孩子也不例外。尊重孩子的隐私才能够赢得孩子的尊重。这个孩子故意通过不放白头发的方式，证明了母亲偷看了自己的日记，也表明他是多么希望得到母亲的尊重啊！

尊重，它只不过是两个普普通通的汉字，但它同时又是一种高尚的美德；尊重，它是我们嘴里说要做到的目标，但它同时又是一个会使我们不断高攀的境界。我们的成长离不开别人的尊重，也离不开尊重别人。我们只能在尊重中，才能让自己的青春绽放得更美，让自己成长得更健康！

鲁迅先生曾说过，对孩子"小的时候不把他当人，大了以后，也做不了人"。现代心理学研究也证明，没有得到充分尊重的孩子，往往长大后缺乏自尊，也更容易出现自我否定等心理问题。

爱孩子，首先要学会尊重孩子，要明白孩子不是父母的依附品，而是一个有独立人格和

尊严的个体，和父母是平等的。只有受到家人充分尊重的孩子，长大后才会懂得自尊自爱。

自尊是人生的灵魂，失去它，便等于失去生命。给人以自尊，就等于给人以尊严。我们的青春不能没有自尊，我们的成长离不开尊严。

人可以不伟大，也可以不富有，但人不可以没有自尊。我们在任何时候，都没有理由放弃自己的人格尊严，勇敢地找到自我，就是扛起了我们人生的信念。

自尊让我们富有信心，让我们成长，让我们知道学会了理解与关怀。懂得尊重自己，也尊重他人。青春是一个人生的摇篮，我们怎么确立它的方向，它就怎么与我们生活。如果我们善待了自己，学会自尊自爱，那么青春就不会虚度。

自尊，是我们成长的保证。它能促使我们勇敢地战胜自我，敢于面对自己的人生，直面生活中的各种挑战。挑战有时对我们而言，是无法阻挡的压力，但是自尊能战胜我们软弱的心，学会在挑战中把握住自己的青春。

第二章　做一个自爱的人

　　你是否自爱，取决于你的感觉如何。自爱就是向自己敞开胸怀，使自己能感受周围和自身的一切。自爱就是给自己以足够的重视与关注，以使自己能常常和自己接触。

　　通过倾听自己，感受自己，追踪自己，从而表达自己，表现自己，有助于自己更好地了解自己，更多地认识自己。

养成生活好习惯

　　良好的习惯是对自己的真正爱护，好的习惯可以让我们身体更健康，心灵更美丽，人生更美好，感觉更幸福。

　　美国心理学巨匠威廉·詹姆斯有一段对习惯的经典注释："种下一个行动，收获一种行为；种下一种行为，收获一种习惯；种下一种习惯，收获一种性格；种下一种性格，收获一种命运。"

　　习惯是一种长期形成的思维方式、处世态度，习惯是由一再重复的思想行为形成的，习惯具有很强的惯性，像转动的车轮一样。人们往往会不由自主地启用自己的习惯，不论是好习惯还是不好的习惯，都是如此。可见习惯的力量在不经意间就会影响人的一生。

　　青少年朋友们，让我们来看一个习惯的故事吧。

　　我到一家心仪的公司去应聘库管的职务，走到一看，应聘的人还不少，心中不禁忐忑不安。主考官露面后，要求每个人做个简单的自我介绍。

　　大约半个小时，自我陈述完毕。主考官很和蔼地说："各位表现都不错，语言流利，专业知识描述得也很清楚。现在我们将进入第二关。请各位去公司库房实地参观一下，然后提出自己的看法。我们会根据每个人的表现作出最终选择。"旁边的陪同人员按座次顺序发出邀请。

当轮到我参观时，我不由愣住了。这座库房占地大约5000平方米，里面堆放着不同的货物。让人想不到的是，各种物件码放整齐，标识清楚。防火器材配置齐全，区域卫生做得也相当不错。我真的找不出特殊的挑剔理由。

看到库房里有个小伙子在工作，我就主动过去帮忙，没想到小伙子却说："你是新来的吧？正好到吃饭的时间了，还剩两件货物要打包，就由你来处理吧！等我吃完饭后来接替你。"说完，他不等我回答就走了。

这是举手之劳，我开始干活。打包完成后，我按照上面粘贴的名称进行了归类摆放。人家把我当做新来的工作人员，咱就要担起这个责任。

刚要离开，我突然发现有几个人始终徘徊在库房附近，我心里一紧，即使是公司内部人员，也不能排除监守自盗的可能。库房管理人员的职责就是要看管好仓库，守护好仓库里的货物。多年的库房管理工作，已经让我习惯这样的工作思维和工作方式。

想到这儿，我赶紧把大门锁上，然后认真巡视了一遍，所幸一切都好。小伙子吃过饭后赶了过来，连声向我表示歉意。我轻松一笑说："没什么大不了的，都是同行，相互帮忙应该的，再说也不过是举手之劳的事情。"

回到考场，我惊奇地发现其他应聘者已经离开。主考官饶有兴趣地问我："怎么样，就你参观的时间最长，谈谈你的看法吧。"

　　我不假思索地回答："咱们的库房管理做得很到位，我没有什么可说的。对不起，让你失望了。"

　　没想到我的话却让主考官笑了起来，他走过来拉住我的手，神色庄重地说："小伙子，我要告诉你，从现在起，你就是公司的正式职员了，欢迎你的加入！"

　　看着我疑惑的样子，他给我讲述了其中的原委。对于库房来说，里面存放的货物实质就是钱，没有哪个老板愿意把钱交给一个不可靠的人。因此他最看重的是人品。

　　这次招聘中，很多人的自我简介与发送的简历内容相差甚远，有的甚至漏洞百出，可谓是明目张胆地造假，这样的人绝对不可以录用。

　　而且，在对仓库实地考察中，对于小伙子的请求，这些人大多委婉拒绝，没有丝毫的团队精神。只有你做到了，而且用正式职员的职责去要求自己：及时锁上大门，并去其他区域进行安全巡视。

　　其实，这所有的一切都是预先设置好的，目的就是对应聘者进行严格的考验。

　　听完他的叙说，我不好意思地回答："其实也没有什么，我已经习惯了。"

　　主考官很高兴地说："小伙子，你要永远记住，生活中每个人都有自己的习惯，但是习惯也有好有坏，无论到什么时候，我们要把好习惯继续发扬下去，把坏习惯及时清理出去，你说对吗？"我若有所思地点了点头，表示认可。

通过"我"的故事，我们看到了什么呢？是的，那就是"习惯"的力量。由此，我们可以看到养成良好习惯，对于我们每一个人的重要性。

那么，我们需要养成哪些必要的好习惯呢？这里有几个《好习惯》三字经，我们不妨对照一下自己，看看自己已经有哪些好习惯了呢？

10个公德好习惯

爱祖国，护尊严。尊国旗，会国歌。

珍生命，爱生活。惜资源，护生态。

守秩序，遵公德。爱公物，护公社。

热公益。乘车船，要排队。不喧哗。

用网络，讲文明，有节制，不放纵。

10个做人好习惯

尊师长。有自信。自行为，要负责。

做事恒。勤节约。爱时间。不说谎。

不给人，添麻烦。乐助人，你我他。

守承诺，不违约。

10个运动好习惯

爱运动，不偷懒。大自然，要常去。

常散步，常走动。运动前，做准备。

运动时，不激进。运动量，要足够。

有循环，要渐进。不断试，新项目。

体育赛，乐参与。观比赛，守文明。

10个劳动好习惯

自己事，自己做。家里事，主动做。

别人事，帮助做。集体事，大家做。

劳动时，按程序。劳动中，要自护。

讲技巧。讲效率。劳动后，理现场。

劳动果，要珍爱。

10个阅读好习惯

图书馆，应常去。爱图书。读好书。

边阅读，边思考。做笔记，记在心。

阅读时，解课文。阅读姿，要正确。

善交流，说心得。有好书，大家看。

坚持读，不放弃。

10个安全好习惯

遵交通，守规则。远离火。远离电。

不逞能，不冲动。不参加，坏组织。

公场所，不追赶。走路时，要右行。

严防护，有意识。不要做，险动作。

不要玩，险游戏。外出时，打招呼。

10个卫生好习惯

饭便后，要洗手。早睡起，勤刷牙。

每天晚，洗脚袜。常换衣，常洗澡。

剪指甲，常理发。爱眼睛，护眼睛。

不随地，乱吐痰。不乱扔，脏垃圾。

不随意，席地坐。整理好，衣和物。

10个学习好习惯

上课前，做预习。认真听。做笔记。

大胆问。细审题。查资料，要广泛。

写作业，不抄袭。反复查，及时改。

勤复习，记得牢。书写好，要整齐。

10个饮食好习惯

定量时。细嚼咽。餐饮时，不说话。

爱粮食。不偏食。走路时，勿进食。

多吃菜。少零食。多喝水，少饮料。

坏食品，绝不吃。

好习惯是我们平时每天每时每刻播种"好行为"结出的"果实"。一般来说，习惯可以在有目的、有计划地培养中形成，也可以在无意识状态中形成。而良好的习惯必然在有意识地培养中形成，也不可能在无意识中自发地形成，这是好习惯与不良习惯的根本区别。

根据美国科学家的研究，一个好习惯的养成需要21天，90天的重复会形成稳定的习惯。犹如一个观念，如果被别人或自己验证了21次以上，它一定会形成你的信念。

青少年朋友，现在让我们开始养成良好习惯吧，让我们从今天开始，坚持不懈，直到成功！

勇于说出自己的心声

勇于表达是自爱的表现。勇于表达就是不压抑自己的情感，在需要向别人倾诉的时候，大胆说出自己的心声，让心灵得到安宁，让生活变得幸福，让人生变得自信，让身心获得最大的健康。家家都有一本难念的经，人人都有一曲难唱的歌。

遭到不公、被人误解、受到挫折、考试落榜、失去工作等，都会使人产生苦闷和烦恼。

这些苦闷和烦恼如果长期郁积在心头，就会成为沉重的精神负担，损害自己的心身健康。

这时，如果能敞开心扉，将充斥在心头的苦闷、烦恼、痛苦、委屈、冤枉等，痛痛快快、淋漓尽致地向同学、亲友甚至陌生人倾吐出来，获得别人的理解和劝导，就可以排淤化结，从而扫清心灵上的阴霾，重获心理上的平衡和人生的支点。

现代医学认为，人们遇到烦恼、苦闷的事情，会由此产生恶劣的情绪。这些恶劣的情绪如果不加以释放，长期积压心中，会引起一系列的机体变化和功能障碍，包括自主神经功能障碍、内分泌功能紊乱以及心血管系统、消化系统的异常现象发生，严重损害心身健康。

青少年朋友们，让我们看一个女孩子学会倾诉的故事吧。

你的一切一切都让我自惭形秽，除了成绩。或许，在你面前，除成绩之外，我什么都没有。你是一个热衷于交友的女孩子，自然而然的，我们相识了。

我是一个外表冷静且坚强的女孩子，虽然成绩优异，但遇事之后从来都是自己压抑着，看似淡定，其实很难释怀。在很长一段时间内它会不时地从内心深处忽地冒出来，让我的神经高度紧张起来。最后再慢慢抚平。

我一直都认为自己掩饰得很好，在别人眼中我是一贯的坚强、冷静、淡定。从很久以前我就相信不会有人能够看出来，而我觉得也没人看出。然而，却被你轻易地看穿了。

那天，你我漫步在林荫小道上，漫不经心地说着一些无聊的话语。忽地，不知为何，记忆的抽屉一下子拉开了。一些事情纷纷冒了出来，让我有些不知所措。

倏然，慌了神，我意识到自己的失态，试图用一些动作掩饰着，可还是被你捕捉到了什么东西。

你站到我面前，看着我的眼睛，很认真地对我说："有事情就应该找个地方倾诉一下，不要再把所有秘密都埋于心底好吗？那样下去我会很担心你！"

你的语气强而有力，一点也不像平时那个说话柔声细语的你。

"倾诉……担心……"心中默念着这两个词，"呵，可能吗？为什么从来不会有人这样告诉我，他们一直以为我是坚强的，我是不会被任何事情打垮的，可是，我并不是超人，我是需要别人关心的！难道她是一个例外吗？"

我不明白一切的一切，我只知道那个时候是我最无助的时候，一个小小的关心就会让我感动。我扑到你的怀中，痛哭起来。

边哭边向你倾诉着很长时间以来的事情。也不知哭了多久，也不知我带着哭腔的倾诉你是否能够听懂。但是有一点我是知道的，倾诉的感觉，真的很好！

在哭过之后，我意识到自己的失态，但是你却莞尔一笑，说："原来你还有这么可爱的一面。"我不好意思地笑着。"你笑的样子真的很漂亮，以后应该常笑哦！"你的语气中带了些许幽默。我笑着点头。

压抑了许久的情感在一瞬间释放，顿时使自己轻松了不少。那一刻，我真的觉得自己很幸福，很快乐。或许我就是这样一个容易满足的人，一点点的关心，就让我如此幸福。

从那以后，每每遇事之后，我都会毫不犹豫地找你，我们成了形影不离的好朋友。你说，我变了，变得开朗了，变得热情了，变得不再自闭了。我说，我变了，只是因为你。谢谢你，让我学会了倾诉。

倾诉是人的一种本能，是人们感情倾泻的渠道，但许多人却因各种原因，人为地遏制了这种本能，堵塞了这个渠道，就像文中个性要强的女孩那样，从来不把自己的伤痛说给别人听。

可是事实正如这个女孩子自己的表白，她不是超人，也是需要关心的，也是需要倾诉的。因此在朋友的鼓励下，她终于倾诉了淤积在心中的情感，也获得了化解后的幸福。她对于自己的朋友是多么感激啊！

对于倾诉，就如同泄洪。堤坝内的蓄水，超过警戒水位了，必须要泄洪，否则将溃坝酿成灾害。

但却有许多人，因工作压力大或出身的卑微而无端地封闭自己，无端地沉默寡言，无端地羞于开口。将溢满的"水"强咽下，内心必然会更为痛苦，以至无法承受。

我们在报纸或者网络上会经常看到学生跳楼自杀的新闻，很大一部分原因，就是因为他们在心中淤积了太多的情感，却不会向别人倾诉，而且觉得自己没人能理解，从而积重难返，走上了人生的不归路，实在可悲可叹！

人作为高级动物，不但有感情而且感情复杂。现代社会加快了人们的生活节奏，我们为了生存和在竞争中获胜，每天为成功而多方努力。遇到的人各式各样，遇到的事错综复杂，心情也会随着感觉而不断变化：成功的兴奋，失意的沮丧、痛苦的悲伤、不公的愤懑。

这些情绪长期在心里积存，并不断地产生很微妙的变化。那种压抑和郁闷产生的能量，如果不能得到有效的释放和调节，必将对心理产生不好的影响。

不只是我们人类，世间万物也是如此。花儿凋零，花瓣随风飘逝，那是花儿在对季节无声地诉说；树叶随风飘荡，那是大树对生命轮回无声诉说；叶儿花儿枯萎，随风雨融入泥土，那是大地在默默

倾听；霞光挂在天边，白云飘在天际，那是天空在静静倾听。此时此境，无论是倾听还是倾诉都是一种必然，也是一种自然中的幸福。

一般来说，女孩子比较善于倾诉，也最容易被接受倾诉。眼泪一流，又排毒又让心中的忧愤排空。而男孩子往往自认为是强者，遇到天大的难事，碍于面子和强者无敌的心态，从不愿意向人袒露心声。

有泪往心里流的男孩子，被誉于刚毅硬汉；咬碎牙齿宁折不弯的男人，被罩上了英雄铁汉的美名。男孩子不能轻易地倾诉情感，是因为舆论和世俗，把你推到了高处不胜寒的地步，要冲破禁地是需要一点勇气的。

而这种不能轻易倾诉的无形桎梏，也让古今多少英雄豪杰为历史书写了多少遗憾。不知倾诉和能"力拔山兮气盖世"的楚霸王项羽，悲壮地自刎于乌江。

我们在为项羽的刚烈和悲壮而唏嘘的同时，也为他缺少倾诉的勇气而慨叹。如果他能和部下理性地交流倾诉，返回江东重整旗鼓，卷土重来，楚汉相争可能会是另一个结果。

倾诉是一种能力。每个人在人生的长河中漂流时，都会经历险滩，有平缓、有跌宕，人生的河流有时会涨满水，也会由于各种情绪不断填充而淤塞。

能不能引流和疏通，则看每个人在这方面的能力了。倾诉让人们在倾诉中获得安详宁静，释放心灵，获得心灵的慰藉，看到一个安然的世界，孤独在倾诉中化为烟云，痛苦在风中漫天飞舞、袅袅飘散……

青少年朋友，学会倾诉吧！无论是忧愁还是烦恼，只要你善于倾诉，把话说出来，一切不快都将随着话语的吐出而烟消云散了；甚至于你能在你叙述的过程中思路大开找到解决问题的办法，心宁智生，智生事成。

青少年朋友，学会倾诉吧！让倾诉成为我们交友的桥梁，成为我们沟通的驿站，成为我们释放心灵的场所。

青少年朋友，学会倾诉吧！倾诉可解脱心灵的重压，排遣不良的情绪，从中获得轻松感和解脱感，使心理得到平衡。

不受别人的左右

自爱就要有独立的人格，就要成为自己的主人。每个人都有自己独特的生活方式，人不能和他人完全一样地活着。

不同人的生活背景、兴趣爱好、学历和行为习惯都有差异，所以，我们每个人都一定要独立自主，要成为自己人生的真正主人，不能随便被别人的评价所左右。

青少年朋友，让我们来看一个爱因斯坦的小故事吧。

爱因斯坦小时候十分贪玩。他的父亲常常为此忧心忡忡，再三告诫他应该怎样去做，然而对他来讲如同耳边风，他一直是我行我素。

16岁那年秋天的一个上午，父亲将正要去河边钓鱼的爱因斯坦拦住，并给他讲了一个故事，正是这个故事改变了爱因斯坦的一生。故事是这样的：

"昨天，"爱因斯坦的父亲说，"我和咱们的邻居杰克大叔清扫南边工厂的一个大烟囱。那烟囱只有踩着里边的钢筋踏梯才能上去。你杰克大叔在前面，我在后面。我们抓着扶手，一阶一阶地终于爬上去了。下来时，你杰克大叔依旧在前面，我还是跟在他的后面。后来，钻出烟囱，我发现你杰克大叔的后背、脸上全都被烟囱里的烟灰蹭黑了。"

爱因斯坦的父亲继续微笑着说："我看见你杰克大叔的模样，心想我肯定和他一样，脸脏得像个小丑，于是我就到附近的小河里去洗了又洗。而你杰克大叔呢，他看见我是干干净净的，就以为他也和我一样干净呢，于是就只草草洗了洗手就大模大样上街了。结果，街上的人都笑痛了肚子，还以为你杰克大叔是个疯子呢。"

爱因斯坦听罢，忍不住和父亲一起大笑起来。父亲笑完了，郑重地对他说："其实，别人谁也不能做你的镜子，只有自己才是自己的镜子。拿别人做镜子，白痴或许会把自己照成天才的。"

爱因斯坦听了，顿时满脸愧色。从此他离开了那群顽皮的孩子，时时用自己做镜子来审视和映照自己，终于映照出生命中的熠熠光辉。

用别人做自己的镜子，无异于是拿别人的人生当作自己人生的评价标准，无疑这样的人生也不可能是我们真正想要的。爱因斯坦正是认识到了这一点，所以才开始找到了自己，开始了自己真正的人生历程。每一个人都有其不同的人生目标和生活方式，自己才是自己在这个世界上最可靠的人生向导。

如果一个人一生总是被他人的评价所左右，把精力全部消耗在了应付环境之中，以致没有余力去追求自己的人生理想，这有多么愚蠢啊！

我们此生不一定要干大事成大业，但一定要知道自己活着的意义，一定要对自己所走的路保持清醒的头脑。所以，请留意我们的周围是不是有这样想法的人，诸如"假如这样做，人家会怎样评价我呢？""别人会对我有什么看法呢？""他们该不会笑话我吧"。

这种人，让他人的评价占了主导地位，并且将其看得比自己的主张更重要，就很容易被其所左右了。如果自己的行为取决于他人的评价，那么一旦听不到了他们的赞许，必会失去动力，最终一事无成。

当然，这并不是说，一个人应该独断专行，不顾是非黑白。而是说，他人的评价，只能代表他们的看法，并不一定是真理，也不一定是神圣不可改变的。你认为有道理你就听；认为不正确就可以不去理会，主动权应掌握在你自己的手里。

如果凡事都一股脑儿接受，其结果必定是失去了锻炼自我、表现自我的机会。古人曾说："岂能尽如人意，但求无愧我心"。我们又何必过于介怀他人怎么说、怎么想呢？人的思想、环境、修养不同，看问题的方法、角度也会不同，哪能对我们的所作所为统统理解呢？

我们只要做到自己所作所为不是凭感情用事，符合自己的良心，即是说，只要问心无愧，对自己负责，对别人负责，即使别人有误解，也要在进行解释的同时，坚持下去。

他人的评价，我们可以用耳朵去听，但决不可以徘徊不前。所以，认定正确的事，就要义无反顾地做下去，千万别被他人的评价所左右！这样，就不会在"不知究竟怎样才好"的窘境中犹豫不决了。

滚滚红尘，有不少人看到别人有地位、有名誉，总想着做别人，不想好好做自己，这是多么可悲可叹的事情啊；芸芸众生，平凡也罢，不平凡也罢，做一回自己，不枉活一世，这是多么可喜可赞的事情啊！

请朋友们相信：你永远是你，只有你才能彻底改变自己的命运，从现在开始，让我们一同做自己的真正主人。为了我们不变的信仰，付出一生的心血只为一个梦：永远做自己的真正主人。那么你将必定是宇宙天地之间最可爱的伟大幸福之人。

青少年朋友，愿我们每个人践行"勇敢地做自己"，做了自己的人是不平凡的、幸福的、伟大的人！

要学会适应变化

自爱不是让我们自我封闭，更不是让我们脱离外部世界，相反，自爱需要我们自觉融入人群。因为只有我们更好地适应这个社会、这个世界，我们才能够更有幸福感和成就感，也才能更好地爱护自己，健康成长。

社会生活变化万千，其中唯一不变的定律就是"适者生存"，不适应者必然惨遭淘汰。可是有些年轻人不明白这个道理，血气方刚，凭借匹夫之勇，非要拿鸡蛋碰石头，结果是事事不顺、时时受阻、处处碰壁。

青少年朋友，让我们来看一个故事吧。

有这样一位大学生，从省重点高中以高分考入矿业大学。他自认为在矿业大学做个好学生对他是一件简单的事，他沉湎于高考的分数而对周围同学努力学习不以为然，以为基础好，不需要付出艰苦努力就可以取得理想的成绩。

于是，学习没有动力，生活没有目标，学习上得过且过。第一学期期末，高等数学没有及格，但他并没有吸取教训，以此为契机认真调整，班主任、辅导员的苦口婆心的劝说，家长的忠告，他都置之脑后，大一下来已经是红灯高照，当面临退学的残酷现实时，他深深地后悔，付出了不可挽回的代价。

社会是不断变化的，人也应该随着变化而变化，只有这样才能更好地适应这个社会，更好地生活和获得幸福。这个大学生正是因为不懂得这个道理，不能适应大学里的新生活，因此惨遭淘汰的命运。结果当然谈不上保护自己，更对不起父母，真是可悲！

青少年朋友，请记住：调整自己与适应变化！

曾经有这么一段话：一个人在少年时期想改变全世界，青年时期想改变自己的国家，中年时期想改变家庭，在老年时，他惊奇地发现："他只能改变自己"。

地球并非围绕着我们旋转的，因为我们不是太阳。地球有自己的运转规律，不会因为我们个人的意志而改变。但是，这并不是说我们要毫无作为，更不要妄自菲薄。

相反，这更需要我们积极适应社会的变化，因为世界正是由我们这样的无数个体组成的，无论个体的力量多么弱小，也是促成社会变化的一个部分。

　　朋友们，不知你们熟悉不熟悉非洲的草原：当晨曦来临的时候，狮子早早地醒了，用它强壮有力的身体练习奔跑，因为它知道：没有风一样的速度，便只有挨饿；而羚羊也深深地知道：如果它不能快速地奔跑，它只能面临被吃掉的命运。所以，要生存，就要努力。

　　朋友们，不知道你们见没见过麦田：麦苗努力地生长，它们不管脚下的土地是否贫瘠，也不管脚下的土地是否干旱，它们总是努力地生长，当酷暑来临时，它们总会用或多或少的果实来回报农民的汗水。所以，抱怨没有用，努力才是硬道理。

　　就让我们从现在开始，积极适应社会吧！托尔斯泰说："世界上只有两种人：一种是观望者，一种是行动者。大多数人都想改变这个世界，但没有人想改变自己。"

　　要改变现状，就得改变自己，要改变自己，就得改变自己的观

念。一切成就都是从观念开始的，一连串失败，也都是从错误的观念开始的，要适应社会，适应变化，就要改变自己。

适应是一种接受，也是一种挑战。"物竞天择，适者生存"。人的一生实际上就是一个不断适应的过程。适应的问题无时不在，不可避免地存在于我们的生命历程中。

生活不可能静如止水，我们时时都会面对各种变故；生活不可能总是一帆风顺、一马平川，我们也会遭遇失败和挫折；生活不可能总是如歌行板、水乡夜曲，我们也会碰到厄运和灾祸。当变故出现时，当失败和挫折发生时，当厄运和灾祸降临时，我们面对的首要问题便是：学会适应。

适应是一种接受。由于我们习惯于依恋昔日的安逸，怀念过去的清静，当客观现实发生变化时，我们便不愿走出昨天，直面这种现实，接受这种变化。

然而生活由不得我们，时光由不得我们，我们要生活下去，就必须接受生活中种种不愿接受的变化。接受，就是在心理上认同，情感上容纳；接受，就是走出"怀旧"情结，及早消除负面情绪，面向未来，重整旗鼓，重新上路。

适应是一种挑战。每一次适应，必然就是一次严峻的自我考验和自我挑战，甚至是一种撕心裂肺的整合，一种脱胎换骨的磨砺：当情断花季、亲朋病故，如果我们不经过一番激烈的思想斗争和心理调适，怎么能挣脱伤感情怀？

挑战，是对自身各种弱点和缺陷的无情开火，是对意志、性格、能力、水平的综合检阅。挑战的过程就是一个战胜自我、完善自我、超越自我的过程，如果取得了一次挑战的胜利，我们也就实现了一种"适应"。

适应是一种选择、一种拼搏、一种磨炼、一种洗礼、一种凤凰涅槃浴火重生，一种千锤万击的锻造。因此，适应必然是痛苦而艰难的。生活中，一些人便常常面对种种变化而畏缩胆怯，不愿适应，于是他们或在厄运面前一蹶不振，或在挫折面前自暴自弃，使人生蒙上了阴影。其实他们应该明白，适应是人生别无选择的课题，与其被动无奈，不如主动适应。

正是在不断适应中，我们坚定了意志、磨炼了毅力、增强了自信、培养了才干、开阔了眼界、增长了见识、丰富了阅历，从而不断成长，不断成熟。

也正是在不断适应中，我们咀嚼了酸甜苦辣，遍尝了人生百味，饱览了人生风景，体验了成功喜悦，从而充实了人生的内涵，丰富了生命的色彩。

自爱者才能自助

青少年朋友，我们的人生如此短暂，为什么不善待自己呢？也许你是一朵山野里的百合，也许你是一株无人问津的小草，也许你是一束伤痕累累的玫瑰，也许你是一枝散发着淡香的深谷幽兰……

不论你现在身处何方，或者你曾经走过沧海，过去的就让它随风过去，都把心收回，静下来好好爱自己，善待自己吧！

那么，究竟怎样才能算善待自己呢？有的朋友可能会说，善待自己就是吃好的、穿好的、住好的、玩儿好的。当然，在这些物质层面善待自己是应量力而行的。

但是，更重要的善待自己应该是在精神层面的，让自己快乐起来，拥有一个积极的、阳光的好心情、好心态，才是真正意义上的善待自己。

试想，纵然自己拥有香车豪宅，吃着山珍海味，如果郁郁寡欢，这些东西还有什么意义呢？

作为凡人，我们生活的环境就像瓶里的水，我们就是花。我们没有必要也不可能都去过寺院的生活。那么，在现实的生活中，我们要想摆脱浮躁，消除郁闷，就应该经常反省自己的心态，关照自己的心灵，检查自己的精神。

世界首富比尔·盖茨，坚持一年必须有七天的闭门思过，在这七天的时间里，他交代不允许任何人打搅。他这样做，就是在回顾与反省中，铲除心中的杂草，调整自己的心态，积蓄人生的力量，规划未

来的事业。所以，我们在为学习和工作风雨兼程、努力拼搏的时候，千万不要忘记呵护自己的心灵，关照自己的内心，这样才算真正地善待自己。

人的一生，来去匆匆。我们在亲人的欢声笑语中诞生，又在亲人的悲伤哭泣中离去。我们无法决定自己的生与死，但我们应庆幸自己拥有了这一生。人就这么一生，都希望有个幸福的家，每天都快快乐乐。但生活中，不是一切都尽如人意，每天我们都会遇到各种各样的困难和烦恼。

人就这么一生，有多少无可奈何，邂逅多少恩恩怨怨。可是想到人不就这么一辈子吗，有什么看不开的？人世间的烦恼忧愁，恩恩怨怨几十年后，不都烟消云散了，还有什么不能化解，不能消气的呢？

人就这么一生，我们应快乐地度过这一辈子。只要我们不丧失对生活的信心，对理想的追求，只要你去努力、乐观地对待，学习上、事业上有好的机遇，就快速反应，抓住机遇，果断决策，应用超人的智慧去完成自己的人生理想，因为人生短暂，时光如梭，让我们人生的每个季节都光辉灿烂。

人就这么一生，我们不能白来这一遭。所以让我们从快乐开始！做好自己想做的事，打好人生的基础。做错了，不必后悔，不要埋怨，世上没有完美的人。跌倒了，爬起来重新来。不经风雨怎能见彩虹，相信下次会走得更稳。

我们不妨这样安慰自己：该是你的，躲也躲不过；不是你的，求也求不来。又何必要费尽心思、绞尽脑汁地去占有那些原本不属于自己的东西呢？

金钱、权力、名誉都不是最重要的，最重要的还是应该善待自己，就算拥有了全世界，随着死去也会烟消云散。若我们要是这样想，我们就不会再为自己平添那些无谓的烦恼了。

亲爱的青少年朋友，让我们一起唱一首关于善待自己的歌吧。

不想活在回忆里，
却找不到地方可以透气。
谁能够把自己的经历，
从头到尾地舍弃。

不想活在现实里，
面对着生活太多的压力。
谁不是慢慢学会坚强，
明白人生的真缔。

坚持自己的梦想需要勇气，
脚下的路都是一步步踩出的足迹。
坚守自己的信念难免孤寂，
头上的天不过一朵朵白云在堆积。

无能为力又无法逃避，
改变不了世界就要改变自己。
一直努力且一切随意，
学会善待命运就是善待自己。

第三章　做一个自律的人

　　自律是在没有人监督的情况下，自己约束自己，自己要求自己。自律是一种生活态度，是一种向好的行为，是一种坚持，也是一种习惯。现实中，自律的人才能更好地掌控自己的人生。

　　自律看上去容易，而做起来并不容易，事实上一个人有多自律，就有多强大。

用自制对决冲动

青少年随着心理独立性和成人感出现的同时，自觉性和自制性也得到了不断加强。在与他人的交往中，往往心理上希望自己能够随时自觉地遵守规则、尽到义务，但是，在客观上又往往难以较好地控制自己的情感，缺少自律性，有时还会鲁莽行事，使自己陷入既想自制，却又容易冲动的矛盾之中，形成自身感觉非常难以承受的心理压力。

自制力就是自我管控的能力，是我们达到预期目的的有效途径。有了自制力，我们规划事情才有实施下去的动力，否则一切将无从谈起。自制力包括两个方面：一是自我激励，以提高活动效率；二是战胜自己的弱点和消极情绪，实现活动的目的。其实，这两者是相辅相成的。

缺乏自制力的青少年很容易冲动。俗话说得好，冲动是魔鬼，对于青少年来说，冲动是青春的陷阱。从心理学来说，冲动是指感情上突然而来的激动，或是突然来临的内心欲望，或是某种雄厚的推动力。冲动往往是一种刺激，激发人的思想，使人匆忙采取行动，在事前常常都来不及做任何思考或判断。

因此，冲动所产生的行动往往会有矛盾，甚至不切实际，还会表现出与本意并不一定相配的行为，因此总是会在事后后悔不已。这是我们青少年在心智还不成熟的阶段应该克服的心理不良状态。

很多青少年朋友，因为父母、亲属或他人的一句话就轻生，因为生活中遇到一些不如意的事就产生自杀的念头；有的在学业与情感上受到挫折就心灰意冷，没有了活下去的勇气；还有一些青少年因为一时冲动而做出放纵的事来。

在我们生活中，青少年常常发生的打架斗殴就是在冲动的情况下发生的。仅仅因为一件小事或一句口角，一时冲动便起心伤人。其实青少年应该要知道，不良的行为都要付出沉重代价啊！

因此我们青少年，要学会用自制抵抗冲动，学会不管做什么事都要三思而后行，若是只凭自己的一时意气用事，就会造成不堪设想的后果。当你的判断不够准确或没有得到事实证明时，要有耐心地等待一段时间，多加考虑思索一番，千万不要草率行事。

冷静是美丽的智慧珍宝，它出自忍耐与自我控制；冷静是成熟的人生结晶，它出自对事物规律的透彻了解。一个冷静的人，不会在任何事面前大惊小怪或感情用事，而会在波涛汹涌中如礁石般纹丝不动。保持冷静，就会拥有遇事不惊和泰然自若的幸福人生。

因此，我们青少年要正确地认识自己，特别是要正确地认识理智行动的意义，对培养我们的自制力来说，这是很重要的。一定要学会冷静，这样才可以控制自己的情绪，才能使自己不至于犯下不可原谅的错误。

冲动的情绪其实是最无力的情绪，也是最具破

坏性的情绪。尤其是青少年的情绪发展波动性大，心理承受能力差，情感比较脆弱，遇事容易冲动，因此，应该采取一些积极有效的措施来控制自己的冲动心理。

我们要学会调动理智，以控制自己的情绪，使自己冷静下来。当我们在遇到较强的情绪刺激时，要学会强迫自己冷静下来，镇定地分析一下事情的前因后果，然后再采取适当的表达情绪或消除冲动的行为，尽量使自己不陷入简单轻率或鲁莽冲动的被动境地中。

比如，当你被他人无聊地嘲笑或讽刺时，倘若你怒火大发，反唇相讥，则很可能引起彼此争执不休，那么怒火越烧越旺，自然也就于事无补。但是如果此时你能够提醒自己冷静一下，采取理智的办法，用沉默作为抗议的武器，用寥寥数语正面表达自己受到了伤害，指责对方的无聊，反而会使对方感到十分尴尬、无地自容的。

我们还要学会使用暗示转移注意法。让自己感到愤怒的事，大多是伤害了自己的尊严或切身利益，使人一时很难平静下来，所以当你感到自己的情绪十分激动或快要无法控制时，就要及时采取暗示或转移注意力等办法进行自我放松，鼓励自己克制冲动的情绪。一个人的情绪常常只需要几秒钟到几分钟就可以平息下来。但是如果不良情绪不能得到及时转移，就会变得更加强烈。

我们青少年，平时还可以进行一些训练，培养自己的耐性。可以结合自己的业余爱好与兴趣，选择几样需要耐心、静心和细心的事情来做，不仅可以陶冶性情，还可以丰富业余生活。

我们培养自制力要有针对性，就是说要针对自己某种弱点、某种行动中的某种消极心理活动来训练。要培养自制力，应当先对自己做一番解剖，找出自己在某些活动中常犯的毛病，然后选择适当的训练方法，通过训练，在实践中矫正许多不良的心理状态。

比如，如果你常在某项活动中因自身心理方面原因而招致失败，你可以选择对抗训练的方法。即让自己在想象中再三置身于曾使自己失败的情境中去，锻炼自己，克服弱点。

如果你失去自我控制或自制力，此时的生理心理往往会处于紧张状态。可以通过松弛训练，学习如何消除紧张，由此提高自控力。紧张状态会伴随肌肉紧张、呼吸急促、心跳加速等过程，松弛训练就可有意识地控制这些过程，获得生理反馈的信息，从而控制和调节自身的整个身心状态。

意念可以控制并调节我们的心理状态，自制力在很大程度上就表现在意念控制上，其作用就表现在促进自己积极行动中。往往积极的自我暗示能使自己获得信心，进而提高自制力，而消极的自我暗示却正好相反。

其实，我们青少年应该在许多方面学会自制，只有这样，我们才会抵制各种诱惑而始终坚持既定的目标，才更容易在同学中建立良好的人际互动关系，从而为自己寻求更加广阔的发展空间，才更有可能做到自我负责，并获得良好的自我发展。

不能沉溺于网络

我们都知道，由于科技发达有了网络。网络有许多好处：它是一个资料库，如果有不懂的问题，可以向它请教；当你觉得无聊时，能上网玩游戏、看电影；无论你在哪个城市，可以上QQ（一种网上即时聊天工具）和亲朋好友聊天……可以说，网络是一个百宝箱。

　　但是，网络也有许多坏处，会把人推进无底深渊。有的人整天跟网络打交道，眼睛受不了，结果导致近视甚至失明；有的人沉迷于网络游戏，学习成绩直线下降；还有的人因为网络走上了犯罪的道路，赔上了自己的性命。

　　网络是一个乐于助人的天使，同时也是一个引诱走上绝路的恶魔。请大家选择善良的天使，不要浪费美好的花样年华。这里，有一个青少年朋友的网络游戏经历，可以让我们对网络有更深刻的认识：

　　　　网络游戏是学生之间盛行的一种在线电脑游戏。几年来，网络游戏顶着各种非议以不可阻挡之势进军我国，几年之内就吸引了成千上万的玩家，而我也是其中的一员。

　　　　记得有电脑的时候，我一因为迷上了网络游戏而偷偷用电脑玩"洛克王国"，为了将自己的角色等级迅速升起来，小赵投入了无数的时间和精力来玩这款游戏。

　　　　在将角色等级升到70级后，我知道了可以充钱进游戏成为VIP（贵宾）玩家，所以我就不断地将零花钱投入到了游戏之中，这时我的学习成绩也开始下降。

　　　　我在学习上失利的时候，却在这个游戏里找回了骄傲和"所向无敌"的感觉，因此对于这个游戏我表现出了极度热

衷，花在上面的钱也不断增加。

父母也时常提醒我，可我依旧保持着"虚心接受，坚决不改"的态度。玩游戏导致学习成绩下降，而且每次下降的分数也是极多的，但我却浑然不觉。

直到有一天，我看到了一张自己以前的试卷，当时，我十分震惊，自己什么时候考过这么好的成绩？我不敢相信自己的眼睛，看着这个分数，我呆住了……

回过神来，我开始意识到自己的错误，开始后悔，从那以后我也重新将心思放回学习上，我不再去网吧。但是不去网吧，并不代表落下的功课可以轻松补上，为了补上这些功课，我也开始一个人在家做补课练习，遇到不明白的问题，就虚心向老师和同学请教……

经过几个月的努力，我终于将落下的功课补了回来，在期末考试时取得了优异的成绩。日后我也不断地用这次"难忘的教训"时刻提醒自己坚决不能再沉迷网络。

在看到这位朋友醒悟时，也需要想想我们自己，是不是也正在受着网络的控制？我们身边的朋友，是不是正在网络中浪费着宝贵的青春呢？

所以，青少年朋友们要记住，网络只是个工具，而不是目的，更不是我们的人生。过分沉迷网络，是心理出现问题的表现，必须引起我们的重视。

心理专家认为，现在青少年最易患上一种网络成瘾综合征。网络成瘾综合征，就是在网上持续操作的时间过长，随着获得乐趣的不断增强，而欲罢不能，难以自控，使得网络上的情景反复出现脑际，而漠视了现实生活的存在。

专家发现，网络综合征患者由于上网时间过长，大脑神经中枢持续处于高度兴奋状态，会引起肾上腺素水平异常增高，交感神经过度兴奋，血压升高，神经功能紊乱。此外，还会诱发心血管疾病、胃肠神经官能症、紧张性头痛等病症。

出现网络成瘾的原因是多方面的，但是，其中一个重要的原因，就是与我们青少年自身的"免疫力"不强有重大的关系。

青少年是网瘾综合征的易感人员，因为青少年正值青春期，心理发育还不成熟，自制能力差，容易产生逆反心理，特别容易出现心理和行为的偏差。

许多青少年朋友可能会问了，怎么才能判断自己是不是得了网络成瘾综合征呢？这是比较专业的问题，要确切了解自己的状况，最好接受专业医师的诊断。

不过，在接受专业医师诊断前，我们也不妨根据症状，进行一下对照，看自己身上是不是有以下这些症状呢！

患有网瘾综合征的人，初时是精神依赖，渴望时时上网"遨游"；随后发展为躯体依赖，表现为一不上网就情绪低落，头昏眼花，双手颤抖、疲乏无力，食欲缺乏等。国外一位心理学家针对网瘾综合征，提出八项标准，虽说并不是绝对的，但大家不妨用此对照一下自己的行为：

　　1. 你是否觉得上网已占据了你的身心？

　　2. 你是否觉得只有不断增加上网时间才能感到满足，

从而使得上网时间经常比预定时间长？

3. 你是否无法控制自己上网的冲动？

4. 每当互联网的线路被掐断或由于其他原因不能上网时，你是否会感到烦躁不安或情绪低落？

5. 你是否将上网作为解脱痛苦的唯一办法？

6. 你是否对家人或亲友隐瞒迷恋互联网的程度？

7. 你是否因为迷恋互联网而面临失学、失业或失去朋友的危险？

8. 你是否在支付高额上网费用时有所后悔，但第二天却仍然忍不住还要上网？

如果你有四项或四项以上表现，并已持续一年以上，那就表明你已患上了"网瘾综合征"，需要找心理医生咨询治疗了。

针对网络成瘾的问题，我们自己平时要注意调节。网络对人们的生活具有积极作用，这点毋庸置疑，关键是要把握好一个度。

建议青少年每天上网不要超过2个小时，而且要有良好的心态。我们是利用网络来开阔视野、增长知识和扩大交往面的，而不是将自己与现实世界隔离、发泄情绪的。要舍得放弃网络上那些虚拟的东西。此外，要丰富业余文化生活，比如旅游、看书、下棋、体育运动等，不可陷入"非上网不可"的陷阱。一旦罹患网瘾综合征，要尽快就医，求得帮助。

对于上网的人来说，一定要注意保持正常而规律的生活，不要把上网作为逃避现实生活问题或者发泄消极情绪的工具；上网要有明确的目的，有选择性地浏览自己所需要的内容；上网过程中应保持平静心态，不宜过分投入；上网时间不宜过长。

另外，由于上网时间过长，电脑荧屏的电磁辐射对人体健康不利，娱乐有度，不可过于痴迷。以下是几个成功克服网瘾的青少年朋友的经验，我们也不妨学习借鉴一下：

一是要认清网瘾的危害。多关注自己的家境，了解父母的工作、生活状况，体会父母、老师对自己的期望，认清沉迷于网络游戏、网络聊天等对自己健康成长的不良影响。

二是要有坚强的意志。克服网瘾的关键，是要时时提醒自己绝不能再进入网吧。当路经网吧时，要对自己说：那个地方进去容易出来难。当同学邀请去上网时，要坚决说"不"，否则就会前功尽弃。

三是要进行深刻反思。把自己关在房间里，反复问自己：为什么会沉醉在一个虚幻的世界里？自己什么也没得到，反而失去了很多宝贵的东西，值得吗？

四是定下目标，写好决心书，多复印几张，贴在经常可以看得到的地方，时刻提醒自己。

五是每次网瘾来了，就拿张纸写下想上网的理由以及上网会做些什么，这样就能发现自己的理由很不充分，甚至没有必要。长此以往，就会改变心理依赖。

六是多参加运动，转移注意力。网瘾来时，就去踢足球或打篮球，这样不仅可以淡化网瘾，还能强身健体。

七是合理安排自己的活动，把每天上网时间限制在两个小时以内。即使上网也是利用网络来开阔视野、增长知识和扩大交往面，而不是将自己与现实世界隔离、发泄情绪。同时要学会自我调节，舍得放弃网络上那些虚拟的东西。若成瘾者最初的原因是因为回避现实生活中的实际问题而去玩电脑，那么，就应针对相关问题进行解决，如减轻学习压力、缓和家庭冲突等。

八是用厌恶的暗示让自己厌恶上网。使自己一想到上网就有头痛、头昏、疲劳的感觉，重复使用厌恶暗示，建立上网和不良体验的条件反射，从而使自己厌恶上网。

九是通过倒退的方法回忆，使自己回到从前表现较好的阶段，充分体验和感受曾经通过努力奋斗取得成功的乐趣。

十是模仿班上优秀同学的行为，建立起良好的、自我实现的目标，并订立具体的实施计划，认真学习，建立起赶上并超过某位优秀同学的信心。对于青少年来说，时间是非常宝贵的，这段大好的学习时光如果不懂得好好把握，就会失去很多很多好的学习机会，甚至会因此贻误终身。

拒绝烟酒侵害健康

抽烟喝酒的人多数是男生，他们似乎认为这样是酷，认为这是一种潮流，是一种流行的"活动"。如果有人不抽烟喝酒就是跟不上潮流，跟不上时代脚步。

如若有人真有这样的想法，而去"从事"吸烟、喝酒，那么这个人就等于是在慢性自杀！不信，我们来看一个16岁小烟民的故事吧：

南方某城市16岁的中学生毕某的隆突上长了一个肿瘤。半年前，他就已出现症状，可惜被当地医院误诊，一直按感冒治疗。

经中国医科院肿瘤医院胸外科和麻醉科医生认真检查，发现肿瘤已将患者左侧支气管堵严，右侧支气管也只剩下一条很小的缝隙了。

手术难度很大，保证手术安全的麻醉尤其困难。尽管肿瘤医院做过数十例隆突手术，对这种手术的麻醉颇具经验。但毕竟患者年龄小，瘤体大，病情重，手术风险很大。但如不及时手术，孩子很快就会被憋死。

最终，医生们精心设计的治疗方案和娴熟的医疗技术，使少年又获得了新生。

小小年纪的中学生怎么会得这种要命的病呢？原来，他是个烟民，吸烟史已有两年多，从偷吸到公开吸，直到一个

月需要吸三条香烟。

据肿瘤专家介绍，吸烟时，烟雾大部分经气管、支气管进入肺里，小部分随唾液进入消化道。烟中有害物质部分留在肺里，部分进入血液循环，流向全身。在致癌物和促癌物协同作用下，正常细胞受到损伤，变成癌细胞。年龄越小，人体细胞对致癌物越敏感，吸烟危害就越大。这位少年之所以患病，是他过早、过多吸烟与其他促癌因素协同作用的结果。

如今，死里逃生的他不仅表示"再也不吸烟了"，而且准备劝说他的同学、朋友们也赶快戒烟。

烟的成分中，有害物质主要有：尼古丁、烟焦油、一氧化碳、氯氰酸苯等。烟在燃烧的过程中，毒物随烟雾而出。这几种毒物的危害分别是：尼古丁会损害脑细胞，导致头痛、失眠，还会使小血管收缩，引起心血管病等。

研究证明，小小的一滴尼古丁就会毒死三匹强壮的马，更不要说一个人了！一氧化碳过多会降低血液的带氧能力，造成组织缺氧，从而影响青少年大脑的活动能力。长期抽烟是肺癌发病率增高的主要原因。青少年吸烟，危害更明显。由于青少年尚未发育完全，抵抗力弱，更容易吸收毒物，加深毒害。

吸烟对发育成长中的青少年的健康危害很大，对骨骼发育、神经系统、呼吸系统及生殖系统的发育均有一定程度的影响。由于青少年时期各系统和器官的发育尚不完善，功能尚不健全，抵抗力弱，与成人相比，吸烟的危害就更大。

此外，由于青少年的呼吸道比成人的狭窄，呼吸道黏膜纤毛发育也不健全，因此吸烟会使呼吸道受损害并产生炎症，增加呼吸的阻力，使肺活量下降，影响青少年胸廓的发育，进而影响其整体的发育。

烟草中含有的大量尼古丁对脑神经也有毒害，它会使学生记忆力减退、精神不振、学习成绩下降。调查发现，吸烟学生的学习成绩普遍比不吸烟学生的低。

青少年吸烟还会使冠心病、高血压病和肿瘤的发病年龄提前。有关资料表明，吸烟年龄越小，对健康的危害越严重，15岁开始吸烟者要比25岁以后才吸烟者死亡率高55%，比不吸烟者高出一倍多。所以我们青少年要拒绝烟草，远离烟草，不要以此为潮流。

如果你现在已经有了烟瘾，那就一定要想办法戒掉。在戒烟过程中，以下方面需要我们注意：

戒烟从当前开始，从逐渐减少吸烟次数到完全戒烟，通常三四个月就可以成功。要从头到尾制订一个戒烟计划，每天减少自己吸烟的数量。

安排一些体育活动，如游泳、跑步、钓鱼等。一方面可以缓解精神紧张和压力，另一方面可以避免花较多的心思在吸烟上。

当你有想吸烟的冲动时，可以用喝水来控制，或者用藏林草做泡饮，可以对戒烟起到事半功倍的效果。

青少年不能抽烟，是不是就可以饮酒呢？对青少年的酗酒问题，学校、社会似乎都尚未予以应有的关注，而且对青少年饮酒危害的宣传和重视程度，也远不及青少年的吸烟问题。

事实上，饮酒、特别是酗酒的危害，一点也不比抽烟小。医学专家指出，年纪尚小的青少年发育未成熟，各器官功能尚不完备，肝脏处理酒精的能力差，因此对酒精的耐受力低，喝酒过量容易影响记忆力及正常的生长发育，还可能埋下肝硬化等疾病隐患。同时，青少年神经系统还较稚嫩，自制能力差，酒后易行为失控，从而诱发各种事故，甚至危及生命。不信我们来看一个故事：

在省立友谊医院急诊科内，李真紧闭双眼，无声无息地躺在病床上，他的同学聚集在一起，悲痛万分，大家都没想到，14日晚上的聚餐，竟是李真"最后的晚餐"。

2月14日是情人节，为了庆祝这个特别的日子，晚六时许，李真和同住一个宿舍的五六个同学相约去学校外面的饭店喝上两杯。

起初，李真喝得不多，后来，又有几个同学加入聚会，李真越喝越高兴，还不时地抢别人的酒喝。推杯换盏之后，十几个人竟喝了好几瓶白酒，其中李真大约喝了一斤多白酒。

22时许，聚会结束以后，李真烂醉如泥，还不停地说感觉不舒服，同学便将李真背回宿舍。

"大家将李真送回宿舍后，李真直接躺在床上，呼呼大睡起来。"李真的同学说。

当时，大家留下同学小震照顾李真，然后就各自散去休息了。小震称，15日凌晨四时许，他还听到李真的打呼声，可六时多，小震再叫他的时候就没有回应了。

小震伸手一摸，发现李真身上冰凉，已经没了呼吸。他十分害怕，立刻把其他同学叫醒，叫来了辅导员，并拨打了

120急救电话。

当天7时40分，李真被送至医院抢救，虽然已经没了呼吸，医院还是对其抢救了3个小时，但抢救无效，初步判断李真系饮酒过量导致死亡。

听闻儿子去世后，李真的父母悲痛欲绝。

面对赶来采访的记者，李真的母亲说，李真今年19岁，平时，李真老实听话，是个孝顺的孩子，以前在家并不喝酒，不知为何14日晚会喝得那么多。

"我现在真不知该怎么办才好。"李真的母亲哭着说，李真的爸爸为了给李真交学费，让儿子生活得更好，还坚持带病干活，现在整个家都被噩耗压垮了……

有数据表明，青少年酗酒已成了严重的社会问题。据一份针对大中学生的调查资料显示，学生中有饮酒史的平均高达82%，其中男生为89%，女生为75%。而且，在这些饮酒的学生中，饮用高酒精含量的白酒者占23%。

酗酒为什么会有这么严重的后果呢？它有哪些危害呢？让我们首

精在进入人体后，能够很快地被完全吸收。吸收入体内的酒精绝大部分在肝脏解毒，酒精的代谢速度几乎不受血液中酒精浓度的影响，相对缓慢而恒定，且与摄入量无关，所以如果在短时间内大量饮酒，超过了机体对酒精的代谢速度，就会造成酒精蓄积中毒。

约有5％的酒精不被代谢而主要通过尿液和呼吸排出体外。而青少年的肝脏发育尚不健全，解毒能力较差，在过量酒精的刺激下，肝细胞会发生脂肪变性，轻者发生脂肪肝，重者会发生肝细胞坏死，导致肝硬化，严重影响青少年的健康。

有些青少年酗酒常常伴随着吸烟，这样危害更大，因为烟雾中的尼古丁等毒性物质能够溶解于酒精，加重有害物质的吸收。而且在烟、酒中都含有一定的致癌物质，酒精对黏膜的刺激及破坏能促进致癌物质在人体中的吸收，并诱发癌症。

所以青少年应该充分认识到烟酒的危害性，戒烟戒酒。同时，我们也要去除青少年酗酒的环境，如家庭中不要经常喝酒，父母首先要戒掉酗酒的习惯。

大家一定要时刻记住，烟酒对于我们青少年来说是碰都不能碰的，一旦上瘾了，就使我们的身体健康和生长发育都受到了影响。我们要做一个不抽烟，不喝酒的健康少年。

说到一定要做到

"拉钩上吊，一百年不许变。"这是每个人儿时都会的一句话。当你对别人许下承诺的时候，别人都会憧憬着承诺实现那一天，但并不是每个人都能实现对别人的承诺，所以在许下承诺的时候一定要想清楚，想想自己能做到吗？

如果不能，那就请你不要对别人许下承诺，免得让人白白期盼。在生活中，每个人都有失信的时候，但有些人却对此不以为然，却不想想，这时被许诺人心里会多么失望。

青少年朋友，当别人对你失信时，你也不好受吧！所以推己及人，一定要对别人守信。这里有一个小故事，大家来看一下吧：

"与朋友交，言而有信。"小瑞虽然懂得这句话的含义，却体会不到它真正的意义，如今他明白了⋯⋯

邻居家的孩子阳阳与小瑞同龄，有一天，他们约好了下午1时到图书馆见面，由于小瑞的粗心，把见面的时间记成2时。阳阳足足在图书馆等了一个小时，小瑞看出他虽然没说什么，但他很不开心。之后的几天里，他一直没有理小瑞。

有一次小瑞妈妈出门买菜恰好碰到了他，问他："你怎

么不理我家孩子啦？"

阳阳就把那天小瑞晚到图书馆的事告诉了小瑞的妈妈。

妈妈听后说："与朋友交往，言而有信的道理他应该懂啊。没事，阳阳别伤心，我会教育他的。"

妈妈回家给小瑞讲道理。小瑞当时什么也没听进去，只是责怪阳阳怎么这点儿小事就告诉我妈妈，等妈妈讲完了，小瑞立刻去找阳阳，对他发起火来，说："别胡闹了！我都向你承认错误了，再说，我也不是故意晚来的！"

阳阳也生气了，大声说："你不守信用，还怪我吗？"

他俩谁也不理谁，不欢而散。

妈妈得知后，换了一种方式教育小瑞，他找了个时机对小瑞说："快过年了，明天妈妈下班早，下午4点钟，你去商场门口等我，给你买一件新衣服。"

第二天，小瑞按时来到商场门口等妈妈，可是令小瑞吃惊的却是——妈妈整整迟到了一个小时，真不守信用，小瑞气得噘着嘴，当时就想再也不理她了。

可是妈妈笑着对小瑞说："你知道等人的滋味了吧，那天你让阳阳苦等一个小时，我也叫你理解阳阳为什么对你发火啦，我故意来晚的。"

听了妈妈的话，小瑞恍然大悟，知道这是妈妈的良苦用心啊！

妈妈接着说："与朋友交往，言而有信，更何况阳阳是你最好的朋友，就更不能失信了。弟子规中说：凡言出，信为先。

就是说，说话做事要把诚信放在第一位，回去向阳阳道歉，请他和你明天再去图书馆，看看谁再失信！"

通过这件小事，使小瑞明白了，"与朋友交往，言而有信"的真正意义，知道了守诚信的重要性，诚信二字往往体现在生活小事上，你可能从未注意它，和朋友在一起，如果你守诚信，才能得到朋友的信任！

有位名人说：一个人严守诺言，比守卫他的财产更重要。所谓"一言既出，驷马难追"，人一旦把话说出口，就一定要说话算数，不能再收回。

一个人不管是做人还是做事，都要做到诚实守信。

当然，我们每个人都可能失信，但应怀着抱歉的心情向被许诺人道歉，说出自己的为难之处，而不是不把它当回事，更不是忘了承诺，还用别的理由来搪塞。

古往今来，凡是品德高尚的人，都是说话算数的人。做人必须言而有信。只有有了诚信，人才能在社会立足，才能使他人信服，才能得到别人的尊敬。

言而有信之人是做人最起码的原则。

英国政治家福克斯以其言而有信著称。他的父亲，曾给小福克斯上了生动的一课，给他的心中留下一个不可磨灭的印象。

福克斯家的花园里有一座旧亭子，他的父亲想将其拆除，并在较为开阔处另建一座。小福克斯从住宿学校回家度假，正巧赶上工人在拆迁亭子。

福克斯很想亲眼看一看亭子是怎样拆除的，所以他打算迟些天返校。父亲却要他准时到校上课，父亲答应将亭子的拆迁推迟到来年假期。于是小福克斯就离家返校了。

父亲想，学校里儿子忙于学习，慢慢地会把此事忘掉。于是，儿子一走，他就让人把亭子拆了，在另一处盖了一座新的。谁想到儿子却一直把亭子这件事记在心头。

假期又到了，小福克斯一回家，就朝旧亭子走去，谁知旧亭子已经不见了。早餐时，他闷闷不乐地对父亲说："你说话不算数！"

父亲听后大为震惊，严肃地说："孩子，你说得对，我错了，我应该改。言而有信比财富更重要。纵有万贯家产也不能抵消食言给心灵带来的污点。"

说罢，父亲随即让人在原地盖起了一座亭子，再当着孩子的面将其拆除了。

诚实守信，是为人之本。诚实守信是做人的起码要求，是一个人立身处世之本，也是维系人与人关系的重要纽带。如果离开了诚实守信这一基本准则，人们之间的交往就很难延续下去。

可是，我们怎样才能养成说到做到的好习惯呢？以下几点需要我们注意：在答应别人的要求之前认真想一想，看看自己是否有能力、是否愿意满足对方的要求。如果认为自己的条件还不具备，就不要轻易答应对方。

凡是自己已经答应做的事情，就要认真去做。我们青少年有时因为考虑问题不周全，可能会遇到困难，那也不要轻易放弃，可寻求成年人或同伴的帮助，把事情做好。

有时承诺对方的可能是一件很小的事情，那也要认真去做，不能认为小事情忽略了没关系。因为人的文明程度是体现在方方面面的。

　　如果已经答应了的事情确实难以完成，也不要找种种借口加以逃脱。应该向对方说明原因，用诚挚的态度向对方表示歉意，在今后尽量避免类似的情况出现。

　　诚实守信，说到做到。看似简单，做起来并没有那么容易。诚信就如一张金名片，人只要诚实守信，有社会责任感，就一定会受到社会的尊重。人只有拥有诚信，才有望走上成功大道。

　　在现代社会，信用成为衡量一个人的基础。只有那些"言而有信"的人才能够得到别人信任，才是获得成功的基石。相反，那些"言而无信"之徒是怎么也不会得到别人信任的。

　　"言而无信，行之不远。"许多事实都可以证明，制假售假、坑蒙拐骗者，他们可逞一时之快，得一时之利，但必以东窗事发、身败名裂而告终。

　　从古至今，没有一项事业能够建立在无诚无信的沙滩之上。只有信守承诺才能最终通向成功。

　　信用仿佛一条细线，一旦断了，想要再接起来就是难上加难。所以，青少年朋友，我们不妨从身边的小事做起，播种诚信，我们得到的绝不仅仅是朋友的信任，还有值得信赖的整个世界。

第四章　做一个自强的人

　　自强就是努力向上，自我勉励，奋发图强。自强，是一种精神，是一种美好的品德，是一个人活出尊严、活出人生价值的必备品质；是一个人健康成长、努力学习、成就事业的强大动力。

　　自强就是在自爱、自信的基础上充分认识自己的有利因素，积极进取，努力向上，不甘落后，勇于克服困难，做生活的强者。

培养自己的积极心态

作为青少年，我们在现实社会中，难免会遇到这样或那样的矛盾、困难和问题，比如学习成绩不好、家庭和个人困难等。遇到这些问题时，以什么样的心态去面对，不同的人有不同的答案，得出的结果也大不相同。

以积极的心态去面对，就能正确对待，妥善处理，获得新的机遇，有所作为；以消极的心态去面对，就会感到社会不公或心理不平衡，从而对自己失去信心，也失去了快乐。

小丽和小华是一对非常要好的朋友。她们在一个班学习，并且考上了同一所高中。升入高中后，由于教师的教学方法发生了变化，她俩对学习表现出不同的态度。小丽虽然感到老师的教学方法跟以前的老师不一样，但她很快调整自己的心态，慢慢地适应了新老师的风格。

而小华，从一开始就十分不适应，导致学习成绩下降，从初中时的全年级前几名落至现在的141名。

她痛苦地说："17年来我第一次感到自己的无能，每当看到父母期望的目光，我就非常难过，不知如何做才能达到父母的要求。如今，苦闷、烦恼、忧愁、气愤充满头脑，我看见书就又恨又怕，真想把它扔掉。"

在遇到矛盾、困难和问题时，如果我们只是一味采取消极的态度和不平的心态去看待和处理的话，那就会对社会、对人生产生不满情绪，从而导致认识上出现偏差和错误，进而影响自己原有的正确信念，形成恶性循环。

由此可见，消极情绪是十分有害的，需要我们青少年予以重视。我们要下功夫克服消极情绪，以积极的心态面对一切。我们青少年要以积极的心态来面对生活和学习，这样有助于培养积极乐观的情绪。我们应当把握好自己的情绪，做情绪的主人。

积极的心态会使青少年感到幸福，并且懂得人生的意义。如果此时你正为自己处于情绪的低谷而悲哀，如果你还为自己的胆小卑怯而烦恼，那么，请将这些丢到一旁，重新培养自己的积极心态。下面这些方法可为大家提供帮助。

重新塑造自己心中的偶像

这样可使你的言行像你心目中所希望的那样。积极心态的培养与行动密切相关，没有行动，任何想法都是空谈。

你心目中的偶像可以是一个人，也可以是一类人。可以是具体的，也可以是抽象的。在你的头脑中树立积极乐观的形象，在做任何事的时候，告诉自己，所做必须与心目中的形象相一致。

把自己看成成功者

大多数青少年遇到令人沮丧的事情时，整个身心都沉浸在痛苦之中。如果此时你对自己大叫一声："我不是失败者，我是以后的胜利者。"你的精神将为之一振。

学着用美好的心情去感染别人

许多人喜欢带着快乐的心情去和别人交往，把快乐传递给别人，这样的连锁反应既能让自己感觉到快乐，也能让别人变得快乐。因此，尝试着改变自己的心情，当你用微笑告诉别人你的心情时，别人同样会以微笑回报你。

要学会给予和奉献

给予和奉献是人类的一种美德，但你想到过给予和奉献会激发你的热情吗？给予和奉献能够体现一个人的道德品质，也能体现一个人的社会价值。同时，给予和奉献能带给人愉快的心情。当你帮助别人时，自己的心情也会变得愉快。

要心怀感激

生活中多一分抱怨就多一分烦恼，当我们以感激的心情面对周围的人和事时，心也变得很宽。

有一位哲人曾说过："在这个世上，没有任何人应该为你做什么事。"因此我们要心怀感激之情。

不要经常说消极的话

经常抱怨的人总喜欢说一些"我真累""我真痛苦""我好郁闷"之类的话，这种消极词语会消磨你的自信和激情。

常常进行自我激励

当你胆怯的时候，学会给自己打气，如"别害怕，一定会过去"。当你遭遇失败的时候，告诉自己："别灰心，胜利最终属于我。"当你犹豫不决时，给自己强行下一个命令："拿出你的魄力，别再磨磨蹭蹭的。"自我激励是一个持续性的过程，只有坚持到底，心态才会完全转变。

我们青少年要在现实社会生活中始终保持平常心、进取心，从而使我们的学习和生活更加快乐、更有价值。

要有顽强的意志力

美国的励志成功大师拿破仑·希尔曾说过："要实现自己的梦想，就必须像最伟大的开拓者一样，集中所有的意志力坚持奋斗，终其一生成就自己的才华。"

世界上很多人之所以不能成功，不是因为他们没有能力，而是因为他们没有坚持到底的超强意志力。只有凭着坚强意志支撑到最后的，才是真正的赢家！

意志力是人格中的重要组成因素，对人的一生有着重大影响。人们要获得成功必须要有意志力做保证。早在两千多年前孟子就说过："天将降大任于斯人也，必先苦其心志，劳其筋骨，饿其体肤，行拂乱其所为，所以动心忍性，增益其所不能。"这段话生动地说明了意志力的重要性。

青少年朋友们，让我们来看一个残疾少年的奥运故事。

2007年世界特殊奥林匹克运动会上，一位叫阿卜杜拉的运动员感动了全世界。他来自沙特阿拉伯，重度智障而且还患有残疾，参加的运动项目是游泳。

在一场50米自由泳小组赛中，他出发了，他游得很慢，根据规定，当运动员遭遇困难时，专业志愿者可以进入水池中引领他游完赛程，并将他带出游泳池。但是他的父亲兼教练不让，就是要他一个人完成比赛，在终点，父亲在那里站着，等着他。

此刻全场观众起立，开始有节奏地打着拍子，并鼓励他继续前行，父亲涌出两行热泪。

当小阿卜杜拉凭着顽强的意志力触壁的那一刻，全场观众爆发出雷鸣般的掌声，所有人都为小阿卜杜拉感动落泪。

这是对人类自身的一次挑战，小阿卜杜拉完成了他人生中十分重要的一刻。重新坐上轮椅的他，向观众飞吻致意，感谢大家的支持，全场再度响起掌声。

为什么大家给了小阿卜杜拉如此热烈的掌声，是因为他游了最后一名吗？当然不是，而是因为他有超乎常人的顽强的意志力，让人们情不自禁地发出赞叹和尊敬的掌声。

要在没有人帮助的情况下，克服智障和残疾的双重困难，游完全程；要在明知自己是最后一名的时候，也不放弃自己的努力；阿卜杜拉的意志力让我们所有人感动！这是多么顽强的意志力啊！

意志力是我们成功的保证。海伦·凯勒在19个月的时候因为猩红热丧失了视力和听力。不久，她又丧失了语言表达能力。然而就在这黑暗而又寂寞的世界里，她并没有放弃，而是用坚强的意志力，克服了生理缺陷所造成的精神痛苦。

海伦·凯勒热爱生活：会骑马、滑雪、下棋，还喜欢戏剧演出，喜爱参观博物馆和名胜古迹，并从中得到知识，学会了读书和说话，并开始和其他人沟通。而且以优异的成绩毕业于美国拉德克利夫学院，成为一个学识渊博的人，掌握英、法、德、拉丁、希腊五种文字的著名作家和教育家。

海伦·凯勒走遍美国和世界的各地，为盲人学校募集资金，把自己的一生献给了盲人福利和教育事业。她赢得了世界各国人民的赞扬，并得到许多国家政府的嘉奖。可见意志力对于一个人的成功具有多么大的力量啊！

意志力是我们成才的基石。哥德巴赫猜想，被誉为"数学皇冠上最耀眼的明珠"，为了摘取这颗明珠，我国著名数学家陈景润不顾嘲笑和诽谤，在没有电灯的6平方米的斗室之内进行着艰苦的

研究工作，他尽管重病缠身，却仍然专心致志地向"哥德巴赫猜想"这个数论的城堡挺进，终于获得了重大成就。

贝多芬，这位19世纪最伟大的音乐家，作为作曲家，他偏偏在最辉煌的时候双耳失聪，但是他扼住了命运的咽喉，凭借顽强的毅力，为我们留下了《英雄交响曲》《田园交响曲》《献给爱丽丝》等不朽名篇。尤其是《命运交响曲》，犹如自己人生的真实写照。

如果我们缺乏意志力，那么，即使我们生活的条件再好，天资禀赋再高，也只能是一事无成。

我们青少年在学习生活中，经常会遇到这样的例子：

有的同学为了逃避苦和累，竟然装病不上体育课，不参加劳动。这样的行为只能说明他们意志力不坚强。

还有一些同学一遇到数学难题就怕动脑筋，把难题空在一边。久而久之，他们就会养成破罐子破摔的心理，每当碰到一点小困难就犯晕，不肯钻研。这样下去，轻则学习成绩不好，重则贻误自己的一生。究其原因，就是意志力不坚强。

有一名游泳运动员，在比赛进行了好长一段时间后，终于筋疲力尽了，就草率地选择了放弃。可是，当他爬上小船准备离开时，他追悔莫及，原来终点就在眼前。

假如这名运动员当时只要再坚持一会儿，他就可以夺得金牌，成为万众瞩目的焦点。可是他快要成功的时候放弃了，多年来的努力都付诸东流，多么可惜呀！

每个人在接近终点时感觉是最累的，也是最容易放弃的。但是，只要你坚持，无论你有没有获奖，都是最棒的！

顽强的意志力就像我们的一个朋友，它可以助我们一臂之力，帮我们渡过难关。我们应该像阿卜拉杜那样，顽强拼搏，以顽强的意志力战胜困难，让不可能成为可能！

"宝剑锋从磨砺出，梅花香自苦寒来。"人的一生不可能是一帆风顺的，总要经历各种困难。面对困难，有的人唉声叹气，畏缩不前；有的人精神振奋，意志坚强。只有不畏困难，才能达到成功的彼岸。

正如苏联著名作家奥斯特洛夫斯基所说的那样：

勇敢产生在斗争之中，勇气是在每天对困难的顽强抵抗中养成的。我们青年的箴言就是，勇敢、顽强、坚定，就能排除一切障碍。

无论干什么事，我们都要有坚强的意志！坚强的意志是我们的心理支柱。对于我们人类来讲，没有坚强的意志就成了一具无生命的躯壳，一个临死的灵魂。

青少年朋友，相信你自己吧，让自己坚强起来，不要萎靡！要想有一面牢不可破的盾牌，就要站在自我之中。一个牢固的三角，支持它的是形状；人，则是坚强的内心。

伟大的作家雨果曾写过这样一首诗：

如果只剩下一千人，那千人之中有我！

如果只剩下一百人，我还要斗争下去！

如果只剩下十个人，我就是第十个！

如果只剩下一个人，我就是那最后一个！

这首诗表现了我们坚强的意志力，这是支撑我们活下去的勇气，是最强大的动力。立志不坚，终不济事，有了坚定的意志力就等于给我们添了一双翅膀，让我们向最后的终点冲刺。

青少年朋友，让我们像雨果诗歌中讲的那样，具有坚强的意志力！当黑夜快要结束，光明就要到来时，总还会有最后的阴影。坚持等到那日出东方吧！

充实自己，不虚度光阴

许多地方都会有这样一批"四不青年"，他们一不做工，二不种田，三不经商，四不上学读书，什么也不干，靠吃父母工资过日子。他们的吃、穿、住、行都讲究气派，但他们内心却十分空虚。用他们自己的话来说，"穷得只剩下钱"。

你现在是不是内心也很空虚呢？是不是正在因为内心空虚而苦恼呢？从心理学的角度看，空虚是一种消极情绪。被空虚所侵袭的人，无一例外的是那些对理想和前途失去信心，对生命的意义没有正确认识的人。他们总是消极失望，用冷漠的态度对待生活，或者是毫无朝气，遇人遇事便摇头退缩。

当人们长期生活在空虚状态中，本性遭到长期打压时，就会产生忧郁症、孤独症等心理问题。

下面，我们来看一个悲剧故事吧：

2007年3月26日，北京市人民检察院第一分院向北京市第一中级人民法院提起公诉，指控被告人小刚、小峰、小丽、小芳（均化名）犯故意伤害罪、抢劫罪。法院于4月16日不公开审理了此案，并于6月29日做出一审判决，四名被告分别被判处有期徒刑9年至17年不等。

四名正处在学习年龄的青少年，却由于"对学习没兴趣"辍学在家。被父母忽视、"极度无聊"的他们用毒打陌生人来弥补自己的"空虚"心灵，他们一时的"心里舒服"换来的却是他人的家破人亡和自己十几年的监禁生活。

4名被告人中，年龄最大的是小丽，案发时她已经19岁了。她的母亲一再强调女儿从小学习成绩挺好的，考上大专后却开始沉迷于上网。

在网吧，她认识了一对双胞胎，并与他们成了好朋友，他们就是小刚和小峰。晚上有钱时他们就去网吧、歌厅，没

钱就在大街上溜达。"我们晚上实在是没事干，就到处找茬寻乐子。"弟弟小峰说。

2006年5月初的一天，晚上10点左右，四个人走到小区后门的一排垃圾桶旁边时，看见一个40多岁的妇女正在捡垃圾。

小芳一时兴起，冲着捡垃圾的妇女喊："这是我家的垃圾桶，谁让你在这儿捡破烂的？"

其他三个人听小芳这么一喊，觉得挺好玩，就一起上前将那妇女轰走了。看着妇女仓皇跑走时，四个人放肆地哈哈大笑。

第二天晚上10点多，四个人外出溜达，在小区外面的烟酒店门前，又遇到了那个捡垃圾的妇女。四个人相视一笑，小丽让小芳过去向她要钱给大家买西瓜吃。

那妇女一看又是他们，也没敢惹，乖乖地从兜里掏出仅有的17块钱。小峰后来在向公安机关交代这一事时回忆说："那17块钱全是零钱，有一块的，也有毛票。"

第三天晚上大约23时，四个人再一次在小区里看到那个捡垃圾的妇女。小峰听到那妇女对旁边的一个老头说了他们向她要钱的事，挺生气，朝妇女走过去，冲着她的鼻子就是一拳，当时那妇女的鼻子就流血了，小峰也没说什么，四个人就走了。

第一次打陌生人，小峰发现心里有一种说不出来的"痛快"。于是，无聊的他们开始寻找下一个"出气筒"。

随着打人欲望的膨胀，他们开始向被打者要钱。"平时我和弟弟的钱是父母给的，而小丽和小芳没有经济来源。"
小刚在向公安机关供述时说。

5月20日3时许，四个人又在马路上溜达，看见前面有个
捡破烂的老太太。小丽故意推了老太太一把，老太太摔倒在
地上了。四个人向老太太要钱，老太太说"没有"，四个人
就开始对她又踢又打。他们并不知道，这次严重的打人事件
引起了警方的注意。

"我们找茬打她，就图一个刺激，觉得好玩，另外还
想抢点钱。我们走时她还活着，直到我们被抓才知道她死
了。"几人在供述时十分后悔。

当今社会的青少年大多一出生就生活富足。可是，与之相反的，
却有一部分青少年的精神空虚，没有信仰，没有寄托，百无聊赖，虚
度光阴。

故事里的这几个青少年正是这样的典型，他们仅仅因为生活的空
虚，不仅毁灭了自己，更是严重危害了别人的生命健康，真是可悲可
叹啊！

但是，我们应该看到，并不是每一个青少年都是精神空虚的。一
个中学生这样说："看看其他同学，学，学得有劲；玩，玩得潇洒。
可我却学也学不踏实，玩也玩不痛快，感觉什么都无味，什么都没意
思。这种情绪让我整天百无聊赖，心绪懒散，寂寞惆怅却又不知该怎
样解脱。怎么别人就能过得那么充实，而我自己却那么空虚呢？"

这位中学生提出的问题恰似一片阴云笼罩在一些中学生的心头，
这就是我们通常所说的"空虚"。在很多中学生的印象里，它往往与

"寂寞""孤独"等词是通用的，但实际上它们之间是有所不同的。

其中很重要的一点就是"寂寞""孤独"并不总是消极的，有时甚至代表一个人独具个性。而"空虚"却只能消磨人的斗志，侵蚀人的灵魂，使人的生命毫无价值。

空虚是随时可能产生的。留意一下周围，有的中学生刚进入一个新的班集体，没有及时地被接受，就会产生不被理解、无所依托的感觉；有的中学生由于学习差、纪律不好，不被信任、不被尊重，于是更加无所事事；有的中学生被沉重的学习负担所束缚，就会觉得中学生活并不像自己所想象的那么诗情画意……

这些时候，空虚都可能会乘虚而入。如果你正好是个心理承受能力较差的人，就更容易被空虚所征服。

空虚带给人的，有百害而无一利。面对空虚，我们应该怎么办呢？根据空虚心理产生的原因，只要个人从主观上努力，进行积极的自我心理调适，精神空虚是可以克服的。

面对空虚，最重要的是要有理想。俗话说"治病先治本"，空虚的产生主要源于对理想、信仰及追求的迷失，所以树立崇高的理想、建立明确的人生目标，就成了消除空虚的最有力的武器。

面对空虚，还要培养对生活的热情。我们常说，生活是美好的，就看你以怎样的态度去对待它。

一样的蓝天白云，一样的高山大海，你可以积极地去从中感受到大自然的美丽。或者认认真真地学点本领，帮他人做点好事，也能对自己的成就颇感得意，或从他人的感谢中得到满足。

面对空虚，还要积极提高自己的心理素质。有时候，人们生活在同一环境中，但由于心理素质不同，有人遇到一点挫折便偃旗息鼓，因而会轻易为空虚所困扰，有人却能面对困难毫不畏缩，因而始终愉快充实。

因此，有意识地加强自我心理素质的训练，就能够将空虚及时地消灭在萌芽状态而不给它以进一步侵袭的机会。当你和空虚顽强斗争的时候，请记住普希金的这句诗："生活不会使我厌倦。"

要对社会抱有一种较为现实的认识。社会是由许多组织、群体、个体组成的，社会的跨地域性、跨时空性，决定了它存在着许多亚文化。主体文化与亚文化共同决定了社会形态的多元化、复杂化。

换言之，社会既有积极的方面，也有消极的方面。这就要看社会发展的方向，绝不能以偏概全，只看到社会的消极面，从而不求上进、萎靡不振，而应通过学习提高思想觉悟，接受现实，正视现实，进而改造现实。

要提高战胜挫折的心理承受能力和把握自己命运和行为的能力。做事要有恒心，要有理想与抱负，要正确对待失误与挫折，在逆境中锻炼成长。顺境中的人们也要有更高的追求，不能只停留在经济追求与享乐上。

多读名人传记。以名人的奋斗史作为人生的楷模，正确认识自我，不时反思自我，记录自我的人生轨迹与心理变化轨迹，从中感悟人生的奥秘，了解困惑与抉择的得失，理想与现实的差距，从而确立一种积极有为的人生哲学，去除无精神追求的心态。

积极参与社会实践，或者学习一种课余才艺。实践长才干，实践出成绩。成绩又能强化个人价值，满足个人的自尊、自爱、自信的需要。

运用音乐来调节个体的情绪和行为。节奏鲜明的音乐能振奋人的情绪。军乐曲、进行曲能使人的斗志昂扬、情绪高涨，而旋律悠扬的乐曲能使人情绪安静而轻松、愉快。轻音乐能使人增加生活的乐趣，了解生活的意义，从而增进人对生活的能动性和自信心。

正确认识自我。自我认识是自我意识的认知成分。它也是自我意识的首要成分，是自我调节控制的心理基础。深入认识了自己，才能发现自己的爱好、兴趣和目标。

从而在各方面去丰富自己的内心世界。正确认识自我，才能从自身方面去摆脱空虚心理。

人生的众多痛苦莫过于空虚，让我们从今天开始，告别空虚，充实自己吧！

敢于挑战沉重的压力

大自然赋予了我们神奇的生命力，同时也给我们带来了永不停息的压力。压力从生命诞生开始，就与人们形影不离，从某种意义上说，我们无法从根本上消除压力的存在。但是，压力也给不同的人赋予了不同的意义，压力是懦弱者不可任意逾越的鸿沟，是开拓者激发动力的源泉。因此，一个人要想取得成功，就不能逃避压力，要经得起挫折的锤炼，并勇敢地向压力发起挑战。

英国大作家柯林斯的故事就足以说明这个道理。

他读中学时，同寝室一个凶暴而爱听故事的学生每晚都用鞭子逼他不停地讲故事，稍有不满便用鞭子抽打他。

为了逃避鞭打，柯林斯每天用心观察周围的事物、构思故事情节并积极揣摩，久而久之，练就了出色的讲故事的本领，以后顺利写出了《月亮宝石》《白衣女人》等名篇。

上海的一位中学生，在国际竞赛中获奖了，在介绍学习经验时他谈到，在备考期间主动迎合老师的压力，对他的成功起了不可低估的作用。

既然压力对于一个人的发展具有推动作用，那是不是说，压力越大越好呢？当然不是。

压力过大会让人产生不快乐、抑郁、焦虑、痛苦、不满、悲观，以及闷闷不乐的感觉，觉得生活毫无情趣，自制力下降，人会突然发怒、流泪或是大笑，独立工作能力下降，平时好动的人变得懒惰，平时好静的人变得情绪激动，原本随和的性格突然暴躁易怒，对感官刺激无法容忍和回避，对音乐、电光、家庭成员或他人的交谈声等突然感觉无法容忍。

压力大容易使人与人的矛盾冲突增多，影响学习效果，使人变得健忘、倦怠、效率降低。

心理压力过大的人会变得冷漠而轻率，他们仍然能够处理小问题和日常活动，但不能面对他们担忧的重大问题，无法做出正确的决策，进而易做出草率的行为。

我们来看一个压力过大的事例。

在教室里，教授举起一杯水，问道："大家知道这杯水有多重吗？"同学们回答各异。

只听教授说道："它有多重不重要，重要的是你举杯的时间。一分钟，即使杯子重400克也不是问题，轻而易举。那么，举一个小时，即使它只有20克，我想你也会手臂酸痛的。那么，举一天呢？恐怕就需叫要救护车了。同样的一个杯子，举的时间不同，结果也就不同。"

我们每个人都会有同这杯水一样的压力。如果你一直将它扛在肩上，它就会变得越来越重，迟早有一天，你会承受不了，不堪如此重负。你应该做的是，把它放下，先让自己休息一下。

我们每个人都不可能生活在真空里，工作、学业、生活或多或少都会带给我们压力，但我们应当意识到这是普遍现象，压力每个人都有，只是大家感知的程度、对待的态度不一样罢了。压力是坏事，也是好事，这要看我们从什么角度去看，去分析。对待压力的态度很重要，甚至决定一个人的人生。如果我们感到生活与工作没有任何压力，那表明我们很可能是目标感欠缺、动力羸弱的人。我们有些青少年喜欢得过且过，无所事事地打发着人生，白白地蹉跎了岁月。这样生命的意义将大打折扣，这样的人生将缺乏许多色彩。

压力本身就是我们生活和工作的调味剂。面对环境的变化和刺激，我们应该努力去体验快乐，积极适应，生命有时因压力而丰富。挺过去，你一定会体会到别样的精彩！

我们必须有适量刺激，才能更好地生活。刺激过度或不足，人都无法适应。适当的压力既有利于肌体平衡，也有利于心理健康。压力能够激发我们采取行动，促使我们去做某些事情。我们的生活需要冒一些风险，我们需要承受一些压力，以确保我们从生活中获得一些东西。既然这样，我们就别再浪费精力去阻止压力进入学习、工作、生活了，应该试着以积极的态度迎接压力，并将其转化为动力，这才是根本。

否则，我们在压力之下便会丧失信心，失掉勇气，没有了斗志，被压力所吓倒，被压力所蒙蔽，被压力所征服，被暂时的困难吓退了勇气，被面临的困境消磨了精神，被眼前的艰险击垮了信念。

压力面前采取什么态度，关系到我们一个人的人生哲学与人生的价值。只有勇于面对压力，善于把压力化为动力，我们的人生才会异常丰满，我们也才能充分体会到生命的意义。

反之，如果我们只会逃避现实，不敢直面压力，我们的人生必将黯淡，我们的生命必将缺乏光彩。

对待压力的最好方法，就是正视它，并适时地放下它，然后再精神抖擞地举起它，给自己一个焕发精力的时间。

具体来说，要想变压力为动力，首先要做的是减轻"负载"。一般

来说，人之所以压力大就是因为身上的负担过重造成的，可以通过写下你所看重的和你所背负的责任来进行比较，然后分清轻重缓急，放下那些不重要的，做到轻装上阵。

要变压力为动力，就要正确看待自己，要明白超人只存在于科幻剧和影片中。每个人都有自己的极限，来认识、接受你自己的"有限"，并且在达到你的限度之前停下来，减少不必要的压力。

当压力大到已经产生压抑的感觉时，找我们信赖的朋友或者心理辅导老师诉说我们的感受，直接减轻我们压抑的感觉，这有益于我们客观、冷静地思考和计划。

另外，我们还要注意饮食习惯，当我们处在巨大的压力之下时，我们常趋向于过量饮食，尤其是一些只会使压力增加的、不利于营养吸收的食物。均衡地摄取蛋白质、维生素、植物纤维，有利于代谢糖分、咖啡因和多余的脂肪，这是减轻压力和其他的影响所必需的。

还有，我们需要确保一些必要的体育锻炼，因为这能使我们的身体更健康，并且有利于消耗掉多余的肾上腺素。要知道，肾上腺素能引发压力和伴随而来的焦虑，所以，必须注意！